Beiträge zur Graphischen Datenverarbeitung

Herausgeber:
Zentrum für Graphische Datenverarbeitung e.V., Darmstadt (ZGDV)

Max H. Ungerer *(Hrsg.)*

CAD-Schnittstellen und Datentransferformate im Elektronik-Bereich

Mit 77 Abbildungen

Springer-Verlag
Berlin Heidelberg New York
London Paris Tokyo

Max H. Ungerer
FB Informatik, Fachgebiet Graphisch-Interaktive Systeme
Technische Hochschule Darmstadt
Alexanderstraße 24, D-6100 Darmstadt

ISBN 3-540-18544-5 Springer-Verlag Berlin Heidelberg New York
ISBN 0-387-18544-5 Springer-Verlag New York Berlin Heidelberg

Druck- und Bindearbeiten: Druckhaus Beltz, Hemsbach
2145/3140-543210

Vorwort

Die Entwicklung großer elektronischer Schaltungen erfordert in zunehmendem Maße komplexe CAD-Systeme mit hochentwickelten Werkzeugen. Kritische Probleme beim rechnerunterstützten Entwurf elektronischer Schaltkreise sind die Datenhaltung und der Datentransfer zwischen den verschiedenen an einem Entwurf beteiligten Gruppen. Ein zentrales Datenbanksystem und Standardformate zum Austausch von Entwurfsdaten liefern wichtige Voraussetzungen für die Integration bestehender und in Zukunft zu entwickelnder Werkzeuge.

Um eine breitere Fachöffentlichkeit und Studenten mit dieser Thematik vertraut zu machen, hat das Zentrum für Graphische Datenverarbeitung (ZGDV) im Sommersemester 1986 an der Technischen Hochschule Darmstadt ein Seminar mit dem Thema "*CAD-Schnittstellen und Datentransferformate im Elektronikbereich*" durchgeführt. Die Referenten waren Fachleute aus Hochschule und Industrie, die sich in Forschung und Entwicklung intensiv mit dieser Thematik beschäftigen.

Auf der Grundlage der Vorträge entstand der vorliegende gleichnamige Band in der ZGDV-Buchreihe "Beiträge zur Graphischen Datenverarbeitung" mit der Zielsetzung, die fachlichen Inhalte der Veranstaltungen des ZGDV einer breiten Öffentlichkeit zur Verfügung zu stellen.

Ich möchte vor allem den Referenten und den Autoren dafür danken, daß sie zu der Veröffentlichung beigetragen haben. Mein Dank gilt auch dem ZGDV für die Durchführung der Seminarreihe und Herrn Prof. Dr. Encarnacao für seine Unterstützung.

Darmstadt, Oktober 1987   M.H. Ungerer

Inhaltsverzeichnis

KARL (Textual) and ABL (Graphic):
A User / Designer Interface in Microelectronics

Guglielmo Girardi
CSELT, Centro Studi et Laboratori Telecommunicazioni, Torino

Reiner W. Hartenstein, Udo Welters
FB Informatik, Universität Kaiserslautern

Abstract

This paper describes a new interactive graphic RT level schematics editor ABLED, having been developed for the CVT project. The editor ABLED (ABL EDitor) is the implementation of a block diagram language ABL. This language is the graphic version of the RT level non-procedural design language KARL. ABLED is a synthesis tool for the RT level design of digital systems and subsystems. It is part of an integrated CAD system. The paper gives a brief introduction to the ABL language. It shows a few examples of ABLED operations and describes the most important features of this editor. It also deals with the structure of ABLED, its use, and its integration into the CVT CAD tool environment.

1. Introduction

ABLED is a new interactive schematics editor for VLSI design and the design of other digital systems and subsystems. ABLED (ABL EDitor) mainly is the implementation of a RT level block diagram language having been published in the seventies [RH77, HP79]. ABL is the graphic version of the non-procedural RT language KARL [RH77, HP79, HL85, Le84, HP85]. KARL (and ABL) can be used as a design medium in a similar way, as known from logic diagram notations at logic design level. KARL and ABL form at RT level a pair of companion notations, comparable to another pair of notations, well known at gate level: Boolean Equations, used together with logic diagrams. Fig. 4a thru c illustrates the simultaneous use of KARL and ABL by means of few simple examples: at left side you find the textual notation (KARL text), whereas the equivalent graphical notation (ABL diagrams) is found at right side. Fig. 4a thru c illustrates a simple example of top-down design by successive refinement. All three descriptions describe the same object, described in using the same language, a two-way multiplexer: fig. a shows its RT level description, fig. b its gate level description, obtained by refinement, and, fig. c its switch level description, obtained by further refinement. Figures 4d and e show the circuit diagram of two different implementations of this multiplexer.

ABLED is not just another schematics entry system. It is an architectural level design tool providing a string guidance and on-line diagnostic features to its user. ABLED is the result of work under support by the Commission of the European Community within the CVT project. It is the goal within this project, to connect ABLED to the KARL compiler/simulator (fig.1), finite state machine generator, chip planner, test generation tools, and to other tools within the CVT CAD system for VLSI (see fig. 1).

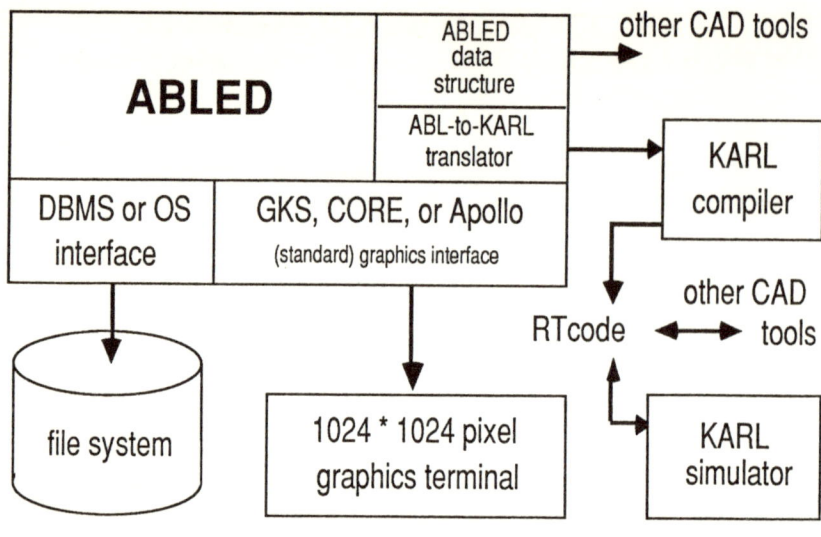

Figure 1

2. Description of ABLED

Figure 1 shows the structure and interfaces of the ABLED editor. More details are found in section 2.2. The following sections describe the language ABL, which has been implemented by ABLED (sect. 2.1), the editor ABLED itself (in section 2.2), and a few features of ABLED seen with the eyes of a user (section 2.3).

2.1. The ABL Language

The ABL language has been designed in the seventies [RH77] to provide a RT level diagram language playing a role similar to that of the logic diagram notation being common sense for decades at logic design level. Like logic diagram notations, ABL may not only be used just for descriptions in documentation. It may also be used as a design algebra [RH77, HH86]. The main difference to logic diagram notations is, that in ABL the number of language primitives is higher. Like its textual companion language KARL [RH77] the ABL notation includes primitives of the following levels: RT level, logic level, and circuit level. Logic level primitives cannot be completely avoided, since in many architectural designs a few details are of a lower level, than RT level. Also some circuit level primitives are needed. For instance, the bus, a very important architectural resource, heavily used at RT level, is a circuit level concept (e.g. see [RH77]). This fact is hidden only by lexical and syntactic "shugar" on top of common notations. However, the RT level is the most important level. ABL distinguishes two basic types of objects:

- models (represented by boxes),
- nets (connection lines with jogs).

Nets are similar to wiring in CIF and other layout languages (for examples see fig. 8b, and 8b), however also carrying connectivity information. There are basically two types of models within the ABL language:

- primitive models (provided by ABL),
- user-defined models.

```
models:

   user-defined  models          │   primitive  models ("leaf  models"):
                                  │
                                  │      •  operators
                                  │      •  standard  functions
                                  │      •  selectors
                                  │      •  constructors   (change  path  width)
```

Figure 2

For illustration, compare fig. 2. Also fig. 3 gives a few primitive model examples: an edge-triggered register (a), a decoder (b), a fully-decoded 2-input multiplexer (c), and a catenator (fig. d, a data path junction). Cells may have two different types of views:

- external view (like the "header" in a textual description),
- internal view (like the entire textual description).

Primitive models only have an external view (for examples see fig. 3), whereas every user-defined model has both, an external view (see fig. 5), and an internal view. Figures 7 and 8 show both the external view and the internal view of the same cell.

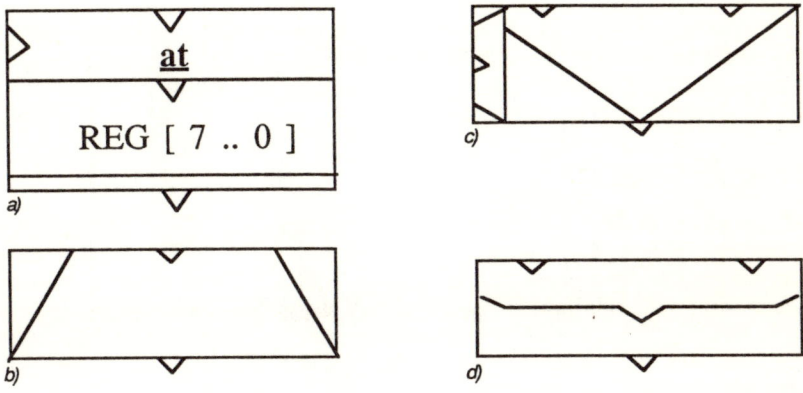

Figure 3 a-d

For the external view of primitive models special graphic symbols (e.g. fig. 3), or reserved identifiers within ordinary boxes (see <cell_name> in fig. 5) are used. Normally ports of primitives are unnamed, since being defined topologically by the ABL language [Gi84,GG84]. For the external view of user-defined models just a box carrying the models name is used (for full adder example FA see fig. 6), however, all ports must be named. Primitive models do not have an internal view, since their semantics is defined by the ABL (and KARL) language. In user-defined models, however, the box with ports has to be filled with an internal description, called a body. So the internal view of a user-defined model consists of two parts:

- the body (like the body of a textual description)
- the frame (like the header of a textual description).

4

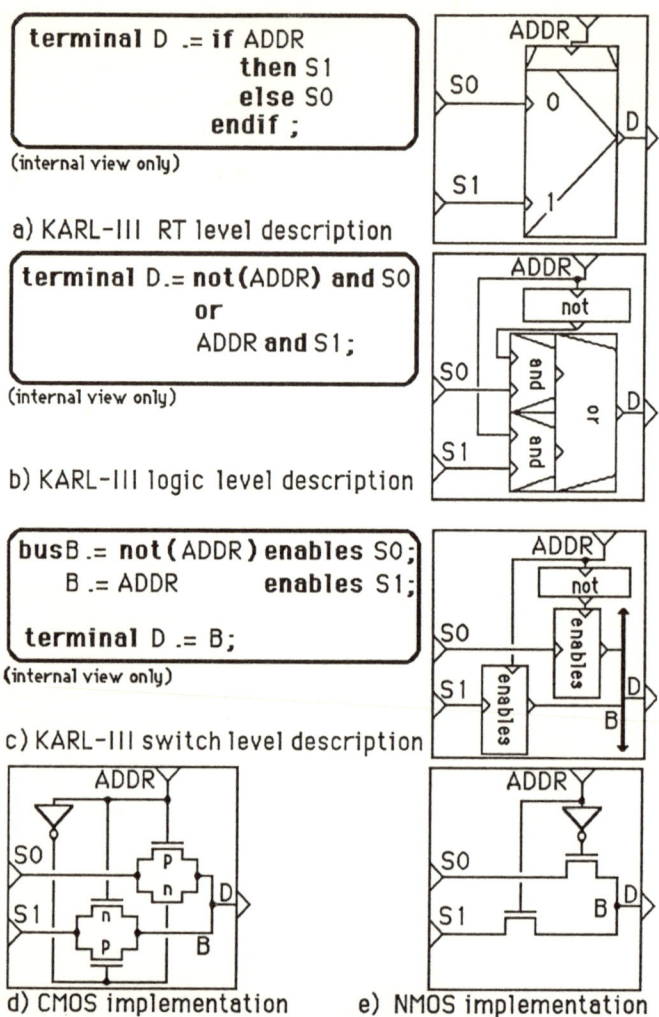

terminal D := if ADDR
            then S1
            else S0
            endif ;

(internal view only)

a) KARL-III RT level description

terminal D:= not(ADDR) and S0
            or
            ADDR and S1;

(internal view only)

b) KARL-III logic level description

busB := not(ADDR) enables S0;
  B := ADDR   enables S1;

terminal D := B;

(internal view only)

c) KARL-III switch level description

d) CMOS implementation

e) NMOS implementation

Figure 4 a-e

The frame is the surrounding box, together with the representation of the ports. The combination of both, the box (header), and its internal net, is called internal view of the model. A mixture of both primitives and user-defined models may be used for synthesis of such a body. Fig. 7 shows two possible versions of body descriptions of one example (an edge-triggered register: its data input is connected to a multiplexer output). ABL provides two styles of graphical body representations:

- normal notation (lines drawings for interconnect),
- domino notation (interconnect defined by abutment syntax of primitive boxes).

Fig. 7b shows the normal notation, where boxes are connected by lines (simple lines in this example). Fig. 7a shows the alternative domino notation (introduced by [RH77] in ABL, reducing the amount of line drawings within a net representation. In a domino notation the connections are unambiguously defined implicitly by rules of the ABL language syntax. The domino notation also is a RT level abstraction of wiring by abutment, known from chip planning and structured layout design in VLSI (e. g. see [MC80, RH82]).

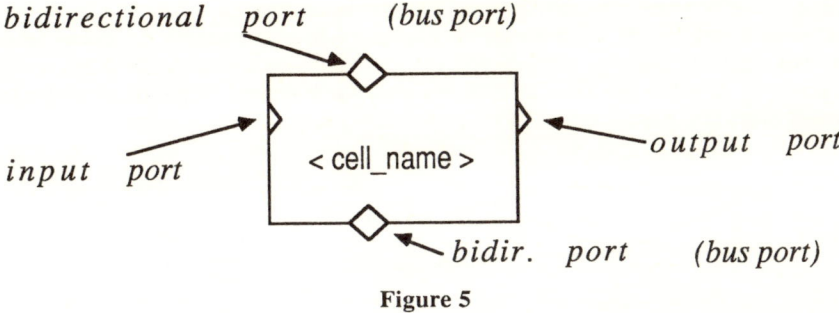

Figure 5

Wiring by abutment is also implemented directly in ABL (e. g. see four FA cell instances in fig. 8b, fig. 12b illustrates an abutment syntax diagnostic of the ABL editor). ABL, of course, is hierarchical. It has been mentioned that in each level the user may select one of two different views of each cell: an external view, or an internal view. Examples of the external view (a) and the internal view (b) of a cell in ABL are shown in fig. 8 (a 4-bit adder cell Plus4), and in fig. 9 (a full adder slice cell FA, such as used inside Plus4).

2.2. Some Details on The Structure of The Editor

ABLED has been implemented in PASCAL, and it is running on VAX 11-750/780 under VMS, and under UNIX on Apollo Domain, PCS Cadmus, SUN, and other workstations. Its data structure has been designed in a way, that it may also be brought into a data base management system (compare fig. 1). Its graphics interface is available in two versions, one for the GKS, and one for the CORE standard interfaces.

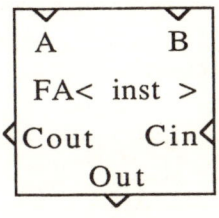

Figure 6

By far the fastest response time has been obtained by directly the special graphics interface of Apollo workstations, such as e. g. the DN 3000 System. It needs a 1k by 1k resolution graphics terminal, where also colour graphics may be used. The ABLED editor is directly interfaced to the KARL compiler/simulator (fig. 1), so that the ABLED data structure of a design may be translated into a textual source KARL DESCRIPTION. The KARL compiler and simulator may be started during an ABLED session. It is planned (implementation of this feature has not yet been completed), that the KARL simulation responses may be displayed within an ABL representation on an ABLED screen. The combination of both, ABLED and the KARL system provide two different interfaces to other CAD tools within the CVT software system (compare section 3): the ABLED data structure, and the RT code intermediate form. RT code is used as an input format to a number of other CAD programs, such as e. g. for microprogram compilation, or for FSM (finite state machine generation, and for a number of tools for test pattern generation, evaluation,

6

and fault extraction and simulation. ABLED has been implemented in a way, that the graphic source language it accepts may be changed without changing the editor programs. That's why ABLED may be used to run graphic languages, other than ABL, its current application. So ABLED is a flexible tool, not only for RT level synthesis. It may easily be adapted to other CAD applications in VLSI and other kinds of electronics.

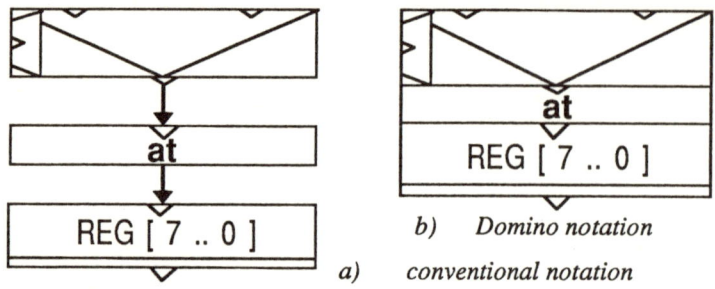

a)   conventional notation

b)   Domino notation

Figure 7 a,b

2.3. The Editor Seen With The Eyes of A User

ABLED provides a hierarchy of menues. Fig. 10 shows two submenue examples. To give an impression how an ABLED user is working during a synthesis session, a few illustrations on the interactive graphic user/editor dialogue will be given. Fig. 11 gives a few dialogue examples where always in the upper part of a picture the editors query is shown (enclosed in an ellipse). The lower part of the pictures in fig. 11 always shows a second snapshot after the user's reply. Enclosed within a second ellipse the user's reply is shown which replaces the query text. ABLED is not just a schematics entry system at RT level. It is an integrated RT level design system including a number of CAD features, such as:

- graphic interactive Rt level syntax check
- direct interaction with other CAD tools.

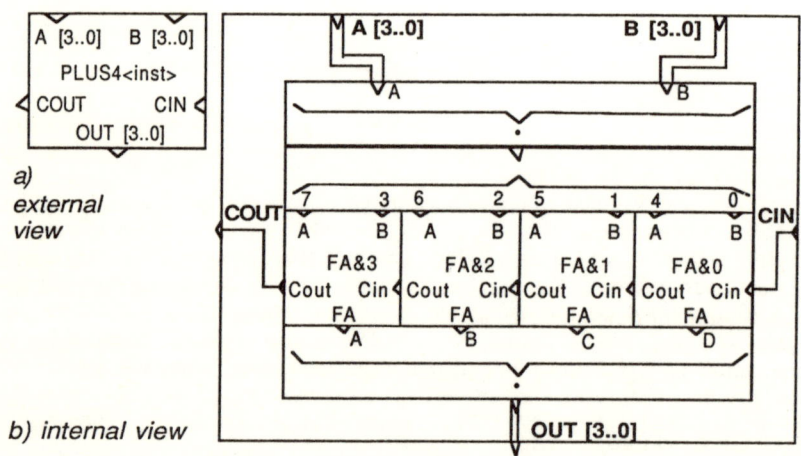

Figure 8 a,b

ABLED also provides an on-line KARL syntax check of the user's input. Fig. 12 gives a little illustration. Fig 12a shows the editor's query ("instant number for FA model instantiation?"). Then the user creates two instances "FA&1" and "FA&2" of "FA", and rotates the second one ("FA&2") to the left. The user then abuts the two instances (see fig. 12b). The editor now checks and compares the abutting sides of the two cells, and places a message "ports don't match" near the abutment location. In fig. 12b you may easily find out the mismatch between the right side input port "Cin" of the left instance, and the left side input ports "B" and "A" of the right side instance of FA. Fig. 13 shows a list of a few more ABL syntax rule examples. Figures 13 and up show more ABL examples, plotted from ABLED.

3. An Integrated RT Level Design System

The goal of the CVT project is to provide the user with a friendly, interactive design environment [19]. Using the ABL editor and and the CVT-related tools, the designer can

- specify the structure of the circuit
- verify the correctness of the description
- analyze and verify testability and fault aspects
- study the floor plan architecture.

The conceptual glue is the register transfer level of the circuit's description and related primitives. The main connection points of the ABL editor with the CVT tools are (see figure 1):

- the graphical description of the circuit (output of ABLED)
- the functionally coded (RTcode) description (compiler output).

The ABLED graphical notation is a very powerful means to support styles of structured VLSI design (e. g. [MC80, RH82, JS82] to save chip area, and to save design effort, both in a highly efficient way. This is achieved, since the graphical description is used to specify topological characteristics of the floor plan, and to specify these characteristics already at an early stage of design process:

- proximity information of user-defined abutted cells
- interconnection among physical cells
- logical functions to be implemented in layout parts.

Following this, an interactive chip floor plan tool, called ARIANNA [AG84] and being connected to the ABLED data structure, is provided within the CVT project. It enables the user to evaluate, place and rout in a symbolic way the physical components of the cells composing the circuit. In ABL user-defined models may also describe the structure of finite state machines. Such descriptions can be used to start the CVT set of tools for automatic generation of the layout [MS83,LL84, Lp83]. These tools include functional/logical decomposition/minimisation of automata with state assignment and automatic generation of layout.

The functionally codes description (RTcode) [AM83] is generated by the ABL2KARL translator and the KARL compiler is used to activate the simulator and the tools for testing and test development (compare fig. 1). This approach allows to use up less CPU time and less amount of memory during simulation (correct and/or faulted). Tools within the CVT project, already running or being under preparation are [MP84, MH85, MR84]:

- CVT-FERT: a fault model generator
- CVT-OFGKA: a fault generator
- CVT-OVSKA: a fault simulator
- CVT TIGER: a test pattern generator
- CVT-OTKA; a testability analyzer

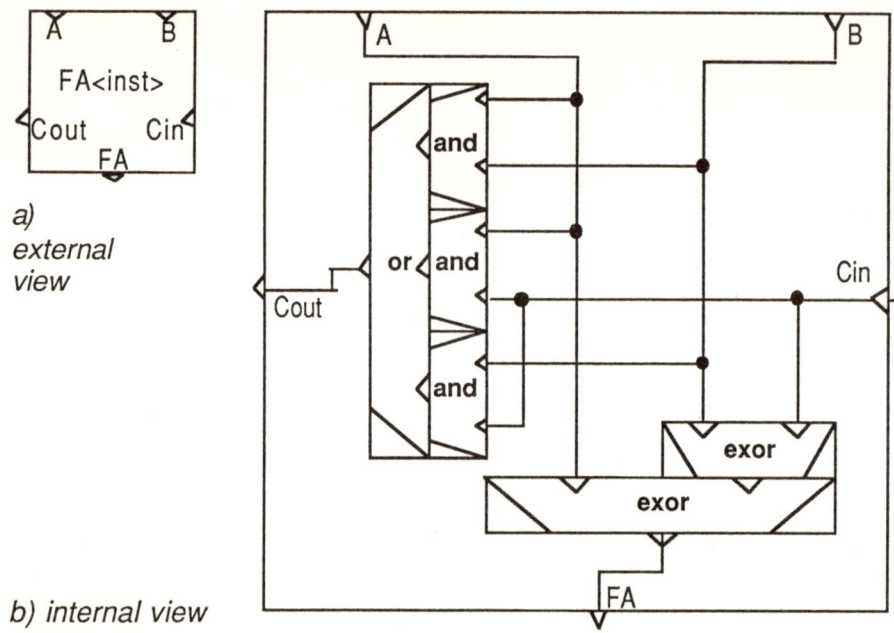

a)
external
view

b) internal view

Figure 9 a,b

Just to give a little flavour on the innovative concepts behind these tools, let us briefly have a second look at one of these, at CVT-FERT. This fault model generator is overcoming the traditional stuck-at-0/1 logic models. It is starting directly from a layout description, so that its models are more realistic with respect to a particular technology being used to implement a particular design. The detection of possible fault locations within an integrated circuit implementation is completely automated by using a circuit extraction process. As a consequence of all this, the user, for example, can start the ABL editor and compose his hierarchical description of the circuit he has in mind. The ABL2KARL translator and KARL compiler can run and generate the RTcoded functional form of the circuit. The description can be verified using the KARL simulator.

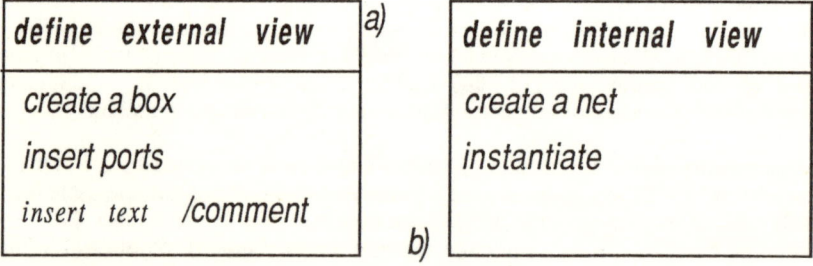

Figure 10 a,b

Faults can be introduced and the degree of testability can be measured , with automated generation of test patterns, and by running the appropriate tools of the above set of tools. Whenever an error is found, the ABL editor can be re-started and a modified or new circuit architecture can be specified and verified. Later on, tools for synthesis of finite state machines can generate the correct layout for control parts, using a PLA-based approach. Concerning the operative parts, the tool for chip floor planning should be used, allowing the generation of the layout. If the global evaluation of the layout should be not satisfactory, different structural parts can be re-edited, and so on. So we have shown, that ABLED and the tools interfaces to it form a user-friendly and powerful multi-level CAD environment for VLSI-oriented systems.

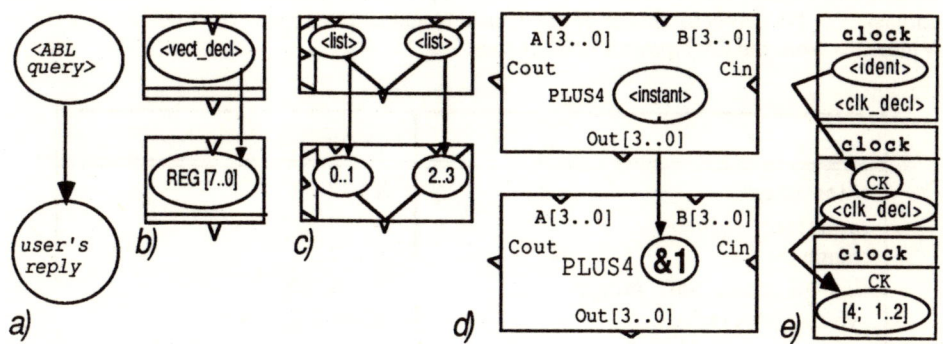

Figure 11 a-e

4. Summary

An interactive graphic schematics editor called ABLED, and being a CAD tool for architectural synthesis of digital systems at RT level has been described. The editor also provides an on-line syntax check based on the KARL language syntax. The user is guided by the editor via a hierarchical menue technique and by query text inserted in the graphic objects being worked on. The ABLED editor is part of the CSELT subsystem [19] of an integrated CAD system for VLSI design, currently being implemented by the CVT project under support by the Commission of the European Community. The ABLED editor is new. No comparable system has been published before.

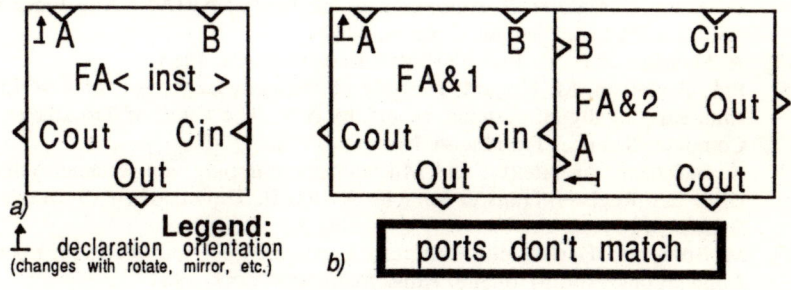

Figure 12 a,b

The ABLED editor together with the KARL subsystem is running on VAX-11/750/780 under VMS, as well as under UNIX on Apollo Domain, PCS Cadmus, SUN and other workstations, and on DEC VAX-11/750.

Acknowledgements

We appreciate the support by the Commission of the European Community. Without this encouraging support the results reported here and the very tight cooperation between CSELT and Kaiserslautern University would not have been possible. We cordially appreciate the contributions of Dr. A. Bonomo and Mr. D. Angelucci in the development of the editor. Our thanks are due R. Hauck, K. Lemmert, A. Mavridis, and A. Wodtko for their contributions and discussions. The Kaiserslautern partners gratiously acknowledge the excellently fruitful cooperation with CSELT, Torino: the research staff involved in CVT subtask 1.2, Dr Giorcelli, leader of CVT task 1, and last not least: Dr. Leproni and Dr. de Vincentiis from the CVT project management.

category	examples
<identifier>	X123
<constant_value>	7
<range >	7 .. 1
<list of const_val, range>	7 .. 1 , 5
<vector_declaration>	X123 [7 .. 0]
<array-declaration>	XARRAY [3..0; 7..0]
<clock_declaration>	[4 ; 1 .. 2]
<delay_declaration>	**by** 4 **by**/ 4 to 6
<instant>	&13
<bit>	**msb lsb**
<word>	**msw lsw**
<bus-declaration>	**tri** BBUS [7 .. 0]
.... and others	

Figure 13

5. Literature

[AG84] G. Arato, O. Gaiotto, P. Antognetti, A. de Gloria: ARIANNA: a Floor Planning Tool; CVT/CSELT technical report, 1984

[AM83] A. Mavridis: RTcode Instant; report, Kaiserslautern, 1983

[AN78] P.A. Anderson, M. Nygard: A study of different languages for description and simulation of digital systems; report no. 6/78. The Univ. of Trondheim, Div. of Computer Science, Trondheim, Norway, 1978

[Bä84] H. Bäßmann: Architektur und Mikroprogrammierung von Rechnersystemen mit Hilfe der Register-Transfer-Sprache KARL-II; Diplomarbeit (3 Bände); Univ. Bremen, 1984

[BH81] M. Breuer, R. Hartenstein: Computer Hardware Description Languages and their Applications; North-Holland, Amsterdam/New York, 1981

[BM86] A. Butterfield, D.P. McCarthy: Teaching the Use of KARL for Customer/Supplier Interface Applications: Proc. European Conference on Customer/Vendor Interfaces in Microelectronics, Kaiserslautern, Sept.23/24 1986; North-Holland, Amsterdam (to be published)

[Fr84] F. Ferrara, G. Rosenga: Translation of RT hardware Description into Propositional Logic Representation, CVT report, CSELT, Torino, Italy, 1984

[GD84]   G. Girardi: ABL data structure; CVT report, Torino, Italy, 1983

[Gh85]   G. Girardi: ABL editor: cell definition; CVT report, Torino, Italy, 1984

[GH85]   G. Girardi, R. Hartenstein, U. Welters: ABLED: a RT level Schematic Editor and Simulator user Interface; Int'l EUROMICRO symp.; Brussels, Belgium, 1985

[Gi843] G. Girardi, R. Hartenstein: ABL specification; report, Kaiserslautern, F.R.G./Torino, Italy, 1983

[GS85]   W. Grass, N. Schielow: Verena: A program for automatic verifications of the register transfer description; IFIP Int'l Symp.CHDL'85; Tokyo, Japan, 1985

[Ha83]   R. Hartenstein: Specification of the KARL-III language; CVT report, Kaiserslautern, Italy 1984

[GU84]   G. Girardi: ABL editor: user manual (draft); CVT report; Torino, Italy, 1984

[HE80]   H. Hedengran: A Parser for KARL 2, internal report; Dept. of Applied Electronics, The Royal Institute of Technology, Stockholm, Sweden, 1980

[HH86]   R. Hartenstein: Hardware Description Languages; North-Holland, Amsterdam/New York, 1985

[HK84]   R. Hartenstein, K. Lemmert: KARL-III reference manual; CVT report; Kaiserslautern; March 1984

[HL83]   R. Hartenstein, P. Liell: KARL-II Language Reference Manual, report, Kaiserslautern 1983

[HL85]   R. Hartenstein, K. Lemmert: A design language for the long thin man; CVT report, Kaiserslautern, 1985

[HP79]   R. W. Hartenstein, E.v. Puttkamer:KARL - a Hardware Description Language as a part of a CAD tool for VLSI; CHDL'79, Int'l Symp. on Computer hardware Description languages and their Applications, Palo Alto, California, USA, 1979; IEEE New York, 1979

[HP85]   R. Hartenstein: KARL-III primer; report, Kaiserslautern, 1985

[HW85]   R. Hartenstein, A. Wodtko: Automatic generation of Functional Test Patterns from Rt-Language source; Int'l EUROMICRO Symposium; Brussels, Belgium, 1985

[JS82]   P. Jespers, C. Sequin, F.van de Wiele: Design Methodologies for VLSI circuits; Noordhoff & Stijthoff Int'l Publishers, Alphen aan den Rhin, Holland, 1982

[Le84]   K. Lemmert, et al.: KARL-III reference manual, CVT report, Kaiserslautern 1984

[Le86]   K. Lemmert: Data Path Descriptions; in [HH86]

[Li83]   P. Liell: Test Pattern Generation for Data Paths using Iterative Arrays of Cells; Ph.D. Dissertation; Kaiserslautern, 1983

[LL84]   L. Lavagno: ASMA: an algorithmic state machine description language and preprocessor; CVT/CSELT technical report, 1984

[LN86]   K. Lemmert, W. Nebel: Conceptual Design based on HDL use; in [HH86}

[Lt84]   K. Lemmert: A KARL (1) Parser of the RT Language KARL-III; Dipl.-Thesis; Kaiserslautern, 1984

[Lp83]   H.M. Lipp: Methodological Aspects of Logic Design; Proc. IEEE,1983

[MC80]   C. Mead, L. Conway: Introduction to VLSI Systems; Addison-Wesley, Reading, Massachusetts, 1980

[MH85]   S. Mopurgo, A. Hunger, M. Melgara, C. Segre: RTL test generation and validation for VLSI: an integrated set of tools for KARL; IFIP CHDL'85; Int'l Symp. on Computer Hardware Description Languages, Tokyo, Japan

[Mi83]   H. Mirkes: Simulation of Petri nets using the KARL Language, CVT report, Kaiserslautern, 1983

[MP84]   M. Melagra, M. Paolini, R. Roncella, S. Morpurgo: An algorithm for asynchronous NMOS/CMOS network analysis in a CAD tool for physical fault simulation, microprocessing and microprogramming; CVT/CSELT report, 1984

12

[MP84]   M. Melgara, M. Paolini, R. Roncella, S. Morpurgo: CVT-FERT: automatic generator of analytical faults at RT level from electrical and topological descriptions; Int'l Test Conference, 1984

[MS83]   G. de Micheli, A. Sangiovanni-Vincentelli, T. Villa: Computer-Aided Synthesis of PLA-based finite state machines; ICCAD 1983, (IEEE Int'l Conf. on Computer -Aided design, Sta. Clara, California, 1983)

[NN85]   N. N. KARL-III Primer (draft), CVT report, Kaiserslautern, April 1985

[Pa84]   A. Patrucco: The CSELT subsystem of the CVT software system; CVT workshop, Darmstadt, April 1984

[Re85]   R. Hauck: KARL-III on VAX under VMS/User Guide (draft); CVT rep. Kaiserslautern, June 1985

[RH77]   R. Hartenstein: Fundamentals of Structured Hardware Design; North-Holland, Amsterdam, 1977

[RH82]   R. Hartenstein: Basics of Structured Design Methodologies: Data Path and Finite State Machines; in [JS82]

[Sa83]   A. Sassenhoff: Kern eines interaktiv graphischen Silicon-Compilers für den LSI/VLSI-Entwurf auf Register-Transfer-Ebene, Ph. D. Dissertation, Kaiserslautern, 1983

[Sh81]   E. Schaaf: PASCAL-Implementierung eines KARL-Compiler; Diplomarbeit; Kaiserslautern, 1981

[UW84]   U. Welters: ABLtoKARL translator: algorithm description; CVT report, Kaiserslautern, 1983

[We81]   B. Weber: PASCAL-Implementierung eines Simulators auf KARL-II Basis; Diploma-Thesis, Kaiserslautern, 1981 (language:German)

[We86]   U. Welters: Graphic Hardware Description Languages [HH86]

[Wo84]   A. Wodtko: Semantics Processing within the KARL-III compiler; Dipl.-Thesis; Kaiserslautern, 1984

IREEN - Eine universelle Datenbankschnittstelle für CAD-Werkzeuge

R. Piloty, B. Weber
Technische Hochschule Darmstadt
Fachgebiet Rechnerorganisation

1. Zielvorstellungen für CAD-Entwurfsumgebungen für digitale Systeme

Der professionelle Entwurf digitaler Systeme ist seit Ende der siebziger Jahre durch den wachsenden Einsatz rechnergestützter Verfahren gekennzeichnet. Neben der stetig steigenden Komplexität der Entwurfsobjekte, ist diese Entwicklung besonders auf die wachsende Verwendung von VLSI-Technologien zurückzuführen. Zahlreiche Werkzeuge entstanden an verschiedenen Stellen, um durch ihren Einsatz den enormen Kosten handgefertigter und visuell überprüfter Chip-Entwürfe entgegenzuwirken. Darüberhinaus erlauben inzwischen die großen Fortschritte auf dem Gebiet der Mikrorechner und der graphischen Datenverarbeitung die Bereitstellung kostengünstiger graphisch-interaktiver Arbeitsstationen. Leistungsfähige Rechner zum Betrieb dieser Werkzeuge und zur Handhabung der großen Bestände von Entwurfsdaten stehen zur Verfügung.

Damit existiert an sich die technische Basis für die Realisierung der Zielvorstellung von integrierten, kooperationsunterstützenden, offenen Entwurfsumgebungen, die

(1) jedem Mitglied des Entwurfsteams eine Arbeitsstation zur Verfügung stellen, von der aus jedes Entwurfsobjekt in jeder seiner möglichen Darstellungen und jedes Werkzeug zugänglich ist (Daten- und Werkzeugintegration),

(2) an jeder Arbeitsstation eine einheitliche Benutzeroberfläche für Objektdarstellung und für die Steuerung der Arbeitsgänge bieten (Integration der Benutzeroberfläche),

(3) jedem Entwerfer erlauben, eine von einem anderen Entwerfer erzeugte Darstellung eines Entwurfsobjektes zu übernehmen und in seinem Entwurfsprozeß zu benutzen (Kooperationsunterstützung),

(4) Änderungen der Systemkonfiguration bezüglich Arbeitsstationen, Datenhaltung, verfügbarer Werkzeuge mit einem Minimum an Anpassungsarbeiten erlauben (Offenheit).

Diese Zielvorstellungen sind selbst in den in-house CAD Systemen der großen Systemhäuser auch heute noch nur ansatzweise erfüllt, geschweige denn in den auf dem freien Markt erhältlichen CAD-Systemen.

Schon 1983 hat Katz /9/ wesentliche Voraussetzungen für die Realisierung dieser Zielvorstellungen genannt:

(1) einheitliche Schnittstellen zwischen den Systemkomponenten, speziell zwischen Werkzeugen und Datenhaltung, insbesondere damit aufwendige Prä- und Postprozessoren bei Konfigurationsänderungen vermieden werden.

(2) die Entwicklung von Datenbanksystemen, die speziell auf die Bedürfnisse des Schaltungs- und Systementwurfs zugeschnitten sind.

Diese Voraussetzungen sind bis heute noch nicht in ausreichendem Maße erfüllt. Die vorliegende Arbeit über das Schnittstellenkonzept IREEN soll einen Beitrag leisten, diese Lücke zu schließen. Seiner Entwicklung liegt das in Abb. 1 dargestellte Schema einer integrierten, kooperationsunterstützenden, offenen Entwurfsumgebung zugrunde.

Abbildung 1 zeigt die für eine Arbeitsstation sichtbaren bzw. zugänglichen Systemkomponenten und die dabei auftretenden Schnittstellen

-gr   für Graphik-Ein-/Ausgabe
-cntl   für Ablaufsteuerung
-txt   für Text-Ein-/Ausgabe
-db   für Datenbankzugriffe

Als einheitliche Konvention auf der Schnittstelle gr bietet sich GKS an. Es garantiert Portabilität der Werkzeuge hinsichtlich der von ihnen benötigten Graphikdienste und vermeidet aufwendige Anpassungen an Graphikperipherie.

Alle Programme (Werkzeuge) werden über eine gemeinsame Schnittstelle cntl aktiviert. Neben der Möglichkeit, hier Bearbeitungssequenzen festzulegen, erleichtert eine für alle Werkzeuge einheitliche Aufrufstechnik und Parametererfassung erheblich den Umgang mit dem Entwurfssystem.

Die Schnittstelle txt, z. B. mit ASCII-Standard, vermittelt Werkzeugen, die Texte aufnehmen, umsetzen oder abgeben, über die Standard-Dateiverwaltung FMS des Betriebssystems die Verbindung zu den Textschnittstellen der Benutzeroberfläche (Tastatur, Bildschirm, Drucker, Magnetband etc.) Typische Werkzeuge dieser Art sind Sprachübersetzer (Compiler) für funktionale Entwurfsbeschreibungssprachen oder Übersetzer für Datenaustauschformate wie CIF, EDIF, etc.

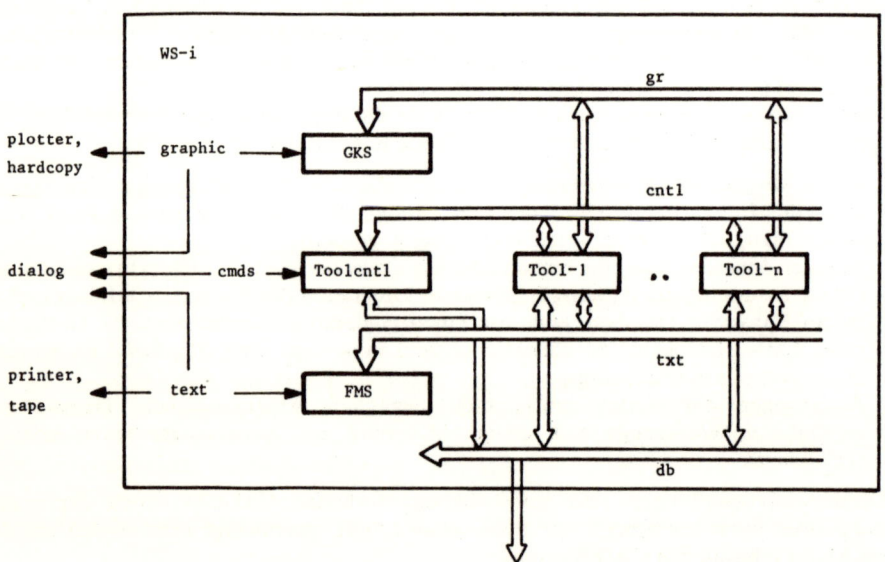

Abb. 1: Arbeitsstation: Zugängliche Komponenten, Schnittstellen

Von besonderer Bedeutung im Rahmen dieses Gesamtkonzeptes ist die Schnittstelle db zwischen den Werkzeugen und der Datenbank. In Übereinstimmung mit /5,9,11/ gehen wir davon aus, daß diese Schnittstelle sowohl hinsichtlich des verwendeten Datenmodells als auch hinsichtlich der auf diesem Datenmodell arbeitenden Zugriffsfunktionen an die speziellen Eigenheiten der zu speichernden Entwurfsobjekte und ihrer Handhabung in einer integrierten, offenen Entwurfsumgebung angepasst werden muß, wenn man auf ausreichende Zugriffsgeschwindigkeit und ökonomischen Umgang mit dem zur Verfügung stehenden Speicherplatz Wert legt.

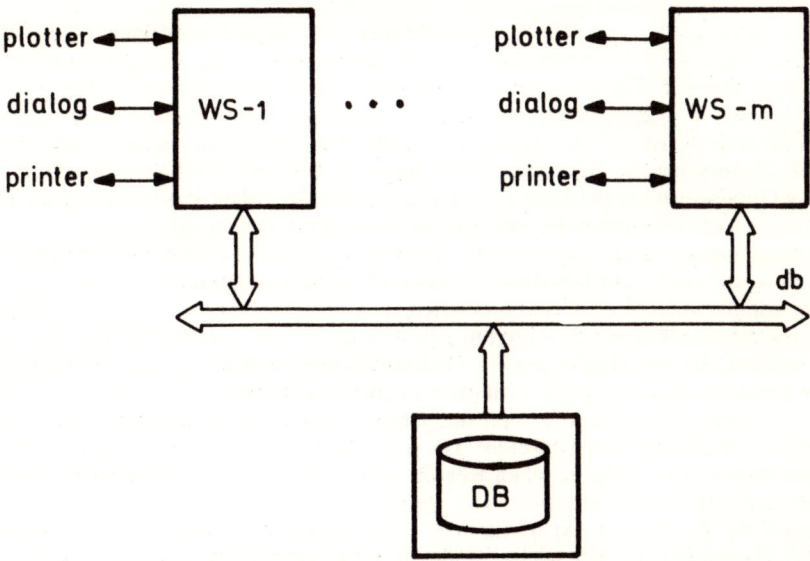

Abb. 2: Mehrbenutzer-Entwurfsumgebung mit gemeinsamer Datenhaltung

Nach Abb. 2 stellt diese Schnittstelle die Verbindung zwischen den Arbeitsstationen und der gemeinsamen Datenbank und damit auch die Kooperationsfähigkeit der an diesen Arbeitsstationen arbeitenden Entwerfern her. Dabei ist es unerheblich, ob die gezeigten Arbeitsstationen jeweils lokal über eigene Kopien der Werkzeuge und eigene Peripheriegeräte (Plotter, Drucker, MB) verfügen, oder ob diese Hilfsmittel in einem Hauptrechner ganz oder teilweise im Zeitmultiplex gemeinsam genutzt werden.

Im folgenden konzentrieren wir uns mit der Darstellung von IREEN auf die Beschreibung eines Vorschlags, wie eine solche db-Schnittstelle zweckmäßig und universell gestaltet werden kann.

Zu diesem Zweck werden zunächst noch einmal die speziellen Eigenheiten einer Entwurfsdatenbank für mikroelektronische Schaltungen und die Anforderungen an eine Datenbank-Werkzeug-Schnittstelle, die sich daraus ergeben, diskutiert. Anschließend wird der abstrakte Datentyp IREEN-3.1O vorgestellt und seine Eignung als Datenbank-schnittstelle erläutert. Schließlich werden die wesentlichen Eigenschaften einer Experimentierdatenbank, die derzeit am Institut für Datentechnik ohne Rückgriff auf eine herkömmliche Datenbank entwickelt wird, und der erreichte Entwicklungsstand dargelegt.

2. Forderungen an die Schnittstelle zwischen Datenbank und Werkzeugen

2.1. Begriffe und Randbedingungen

Die der Entwicklung von IREEN-3.1O zugrundegelegten Begriffe und Randbedingungen für die Realisierung einer, mehreren Arbeitsstationen gemeinsamen Datenbank betreffen zwei Kategorien von Merkmalen:

A) die Struktur der Datenobjekte
B) die Art des Zugriffs

Sie lassen sich wie folgt charakterisieren:

A) Struktur der Datenobjekte

Inhalt der Datenbank sind primär Darstellungen von Entwurfsobjekten. Diese Darstellungen sind meist vielfältig zusammengesetzte Datenobjekte, sog. komplexe Objekte, d. h. sie beziehen sich auf eine in der Regel sehr große Zahl von Teilobjekten. Die Teilobjekte sind oft wieder in sich zusammengesetzte Datenobjekte über mehrere **Hierarchiestufen** hinweg. Beispielsweise bei der Beschreibung der Dekomposition eines Entwurfsobjektes haben die Teilobjekte die Bedeutung eines Bauteils, bei einer Verhaltensbeschreibung die eines Operationsaufrufes, bei einer physikalisch/technologischen Beschreibung die der Plazierung eines technologischen Elements (z. B. eines Transistorlayouts).

Die zusammengesetzten Datenobjekte zeichnen sich meist durch einen hohen Grad an **Regularität** aus, d. h. die benutzten Teilobjekte sind Exemplare einer weit geringeren Auswahl von parametrisierten Teilobjektarten.

Ein wesentlicher Teil der Beschreibung besteht mithin darin, auszudrücken, aus welchen Teilen welcher Art das Objekt besteht (**Instantiierung**) und in welcher Weise dies Teile über die Parameter miteinander verknüpft sind (**Konnektivität**).

Die Zusammensetzung der komplexen Objekte aus ihren komplexen oder primitiven Unterobjekten bestimmt deren Struktur. Diese Struktur muß bei allen komplexen Objekten widerspruchsfrei, d. h. nach gleichen Regeln dargestellt werden (**strukturelle Konsistenz** der Datenobjekte).

Von jedem Entwurfsobjekt existieren meist mehrere **Sichten** und **Versionen** als mögliche Darstellungen. Mit Sicht ist damit eine Darstellung gemeint, die bestimmte Eigenschaften des Entwurfsobjekts entweder als vorhanden oder nicht vorhanden sichtbar macht, andere hinsichtlich ihres Vorhandenseins als nicht entscheidbar unterdrückt. Typische Sichten sind Verhaltensbeschreibung, Gatterschema, Layout. Existieren von einem Objekt mehrere Sichten, so müssen diese konsistent sein, d. h. zwei Sichten dürfen sich hinsichtlich des Vorhandenseins aller Eigenschaften, die in diesen Darstellungen gemeinsam sichtbar sind, nicht widersprechen (**Sichtkonsistenz**).

Versionen, insbesondere solche auf gleicher Sicht dargestellte, dürfen sich durchaus in den dort angebbaren Eigenschaften widersprechen, müssen aber hinsichtlich eines Eigenschaftskerns, der **Spezifikation** des Entwurfsobjekts, konsistent sein (**Versionskonsistenz**).

B) Art des Zugriffs durch Werkzeuge

Werkzeuge müssen in der Lage sein, ein komplexes Objekt aufzurufen, seine Bestandteile zu analysieren, und durch Änderungen seiner Zusammensetzung eine neue Version zu erzeugen. Aufgabe der Datenbank ist, nach bestimmten **Zugriffsregeln** zu entscheiden, ob eine angeforderte Zugriffsoperation ausgeführt wird oder nicht. Entscheidungsparameter sind etwa Identität des Entwerfers, Art der Zugriffsoperation, Name des zugreifenden Werkzeugs oder der Bearbeitungsstatus des Objekts (bisher durchgeführte Zugriffe). Eine genauere Festlegung der Zugriffsregeln ist nicht Gegenstand dieser Arbeit.

Dabei muß berücksichtigt werden, daß mehrere von verschiedenen Arbeitsstationen aufgerufene Werkzeuge den Zugriff auf ein und dasselbe komplexe Objekt versuchen können (Kooperationsfähiger Mehrbenutzerbetrieb). Durch geeignete Sperrmaßnahmen für dieses Objekt muß dann eine Zugriffskollision verhindert werden (**operationelle Konsistenz**). Dabei kann diese Sperrung wegen der im CAD üblichen Bearbeitungszeiten sehr lange dauern.

2.2. Anforderungen

Die der Entwicklung von IREEN-3.1O zugrundegelegten Anforderungen können, gestützt auf die soeben genannten Begriffe und Randbedingungen, wie folgt spezifiziert werden:

(1) Datenintegration

Das **konzeptuelle Modell** für die Entwurfsdatenbank muß alle in diesem Bereich anfallenden Beschreibungsarten umfassen, oder zumindest entsprechend erweiterbar sein. Auf jeden Fall müssen mindestens folgende Objektklassen (entity-Typen) modellierbar sein:

- (Schaltungs- und System-) Moduln inklusive Anwendungsschnittstelle
- Operationsschablonen für benutzerdefinierte Operationen zu Verhaltensbeschreibungen von Moduln
- Layoutschablonen für benutzerdefinierte Layoutkonfigurationen in Layoutbeschreibungen von Moduln
- Technologiedatenobjekt zur Festlegung von Attributsätzen, die eine bestimmte Technologie charakterisieren
- Sichtdatenschablonen zur Festlegung von Sätzen primitiver Moduln, Operationen und Layoutkonfigurationen, die bei den Beschreibungen von Moduln und Operationen in bestimmten Sichten als vordefiniert angesehen werden können (Festlegung von Sicht- bzw. Sprachebenen).

Die Datenbank soll für alle Objektklassen ein einheitliches **Datenmodell** mit einheitlichen Zugriffsmechanismen anbieten, mit dem alle konzeptuellen Schemata definiert werden können, die dem konzeptuellen Modell der Entwurfsdaten entsprechen. Durch ein in diesem Sinn universelles Datenmodell soll sichergestellt werden, daß Zahl und Art der zu verwaltenden Objektklassen über die o. a. Kernklassen hinaus nach Bedarf an bestimmte Anwendungsgebiete oder an die Erfahrungen, die bei der Implementierung der Schnittstelle gewonnen werden, angepaßt werden können.

Das (konzeptuelle) Teilmodell für Moduln soll optional eine sichtunabhängige Standarddarstellung für die Dekomposition in Untermoduln und für deren Konnektivität anbieten.

Schließlich soll das konzeptuelle Modell so aufgebaut sein, daß im EDIF-Format vorliegende Layout- und Netzlistendarstellungen möglichst einfach in die Datenbank aufgenommen bzw. aus ihr gewonnen werden können.

(2) Datenunabhängigkeit

Die Datenstruktur an der Schnittstelle muß unabhängig von den Eigenschaften der Architektur des Betriebssystems und des Dateiverwaltungssystems des (der) Wirtsrechner spezifiziert sein. Die durch die Operatoren des Zugriffssystems isolierbaren primitiven Objekte des Datenmodells sollten so elementar sein, daß sie ohne Verlust an Allgemeinheit für alle implementierbaren Werkzeugfunktionen als eindeutig semantisch spezifiziert angesehen werden können (z. B. Datentypen wie integer, bool etc). "Lange Felder", die werkzeugspezifisch zerlegt und interpretiert werden müssen, sollten im Interesse der Kompatibilität der Werkzeuge so weit wie möglich vermieden werden.

(3) Zugriffs- und Speichereffizienz

Die komplexen Objekte sollten im Datenmodell so dargestellt werden, daß mit wenigen, effizient ablaufenden Zugriffsoperationen alle Teile des Objekts vom Werkzeug aus erreicht werden können (objektorientierte Darstellung).

Konsistenzprüfungen beim Zugriff sollen von der Datenbank über das zum Schutz des Datenbestandes notwendige Maß hinaus nur insoweit durchgeführt werden, als dadurch die Zugriffsgeschwindigkeit für die Werkzeuge und damit die Interaktionsfähigkeit des gesamten Systems nicht wesentlich beeinträchtigt wird.

Regularität im Aufbau von komplexen Objekten soll zur Einsparung von Speicherplatz genutzt werden, indem die Zusammensetzung vielfach benötigter komplexer Teilobjekte (Moduln, Operationen, Layoutstrukturen) nur **einmal** in der Datenbank beschrieben und gespeichert werden. Die Beschreibung der Exemplarbildung an den Nutzungsstellen bedarf dann lediglich der Angabe von Exemplarname, Exemplarattributen und Objekttyp. (keine Speicherung voll instanziierter komplexer Objekte).

(4) Konsistenzsicherung

a) Strukturelle Konsistenz

Bei Ausführung der Zugriffsfunktionen (z. B. beim Einfügen von Teilobjekten) sollte die Datenbank die Einhaltung der datenmodelleigenen Strukturregeln (model intrinsic consistency /11/) überprüfen. Darüberhinausgehende Regeln für die Beziehung zwischen verschiedenen komplexen Objekten (z. B. bei Bezugnahme auf ein komplexes Objekt in einem anderen, Überprüfung, ob ersteres überhaupt existiert) können Werkzeugen (z. B. Compilern) überlassen bleiben.

b) Sichtkonsistenz und Versionskonsistenz

Die Überprüfung von Sicht- und Versionskonsistenzregeln ist im allgemeinen nicht Teil der Funktionalität der Datenbankschnittstelle. Hierfür müssen vom Anwender Werkzeuge vorgesehen werden, die dem jeweiligen Entwurfsstil angepaßt sind. In der Schemadefinition muß jedoch für jedes komplexe Objekt ein Datenobjekt vorgesehen werden, in dem mit Hilfe der Zugriffsfunktionen der Schnittstelle von jedem Werkzeug festgehalten werden kann, im Auftrag welches Entwerfers und zu welchem Zeitpunkt das Objekt bearbeitet worden ist.

Eine Ausnahme bildet die Dekomposition eines Moduls in Untermoduln. Hier ist eine Option vorzusehen, die die Konsistenz der Dekompositionsangaben in verschiedenen Sichten, z. B. durch Vererbung von einer Sicht auf die andere, sicherstellt.

c) Operationelle Konsistenz

Die Datenbank muß Vorkehrungen treffen, daß die Integrität der Daten nicht durch Zugriffskollisionen infolge des Mehrbenutzerbetriebs verloren geht.

3. Der abstrakte Datentyp IREEN-3, Überblick

Eine erste Version von IREEN wurde 1983 im Rahmen der CONLAN-Implementierung am Institut für Datentechnik der THD entwickelt /10/ und zwischenzeitlich um Komponenten zur Aufnahme von Geometrie-Informationen erweitert /16/. Im Februar 1983 hatte sich eine Arbeitsgruppe "Abstraktionsebenen und Schnittstellen", bestehend aus Vertretern deutscher Hochschulen und staatlicher und industrieller Forschungseinrichtungen, konstituiert, mit dem Ziel, die Entwicklung integrierter CAD-Systeme durch die Erarbeitung von Vorschlägen für standardisierte Schnittstellen zwischen Benutzer, Entwurfsdatenbasis und Werkzeugen auf den verschiedenen Entwurfsebenen zu fördern. Als ein erster Arbeitsschwerpunkt wurde mit der Entwicklung einer allen Entwurfsebenen gemeinsamen Objektdarstellung und einer darauf abgestimmten Schnittstelle zwischen Entwurfsdatenbank und Werkzeugen begonnen. Es wird von dieser Gruppe an einem Vorschlag, basierend auf einer Erweiterung des abstrakten Datentyps IREEN, gearbeitet.

Mit IREEN-3 wird das konzeptuelle Schema einer Werkzeug-Datenbank-Schnittstelle als abstrakter Datentyp, der aus zwei Schichten besteht, definiert. Die Beziehung zwischen beiden Schichten kann am Beispiel einer "klassischen" Bauteilebibliothek verdeutlicht werden: Es wird unterschieden zwischen dem Aufbau einer Zelle und der Verwaltung der Zellen. Eine Zelle, oder allgemeiner eine Beschreibung eines (Hardware-) Systems, wird in IREEN-3 DESCRIPTION-Segment genannt. Daneben existieren in IREEN noch eine

Reihe weiterer Segmente, etwa um Operationen oder Geometriedaten aufzunehmen. Eine detaillierte Besprechung der einzelnen Segmentarten würde den Rahmen dieser Abhandlung sprengen, vielmehr soll hier die zentrale Rolle des Segmentbegriffs in IREEN skizziert werden: Während die untere Ebene des abstrakten Datentyps Strukturen und Zugriffsfunktionen zur Manipulation von Segmentbestandteilen anbietet, werden auf der oberen Schicht Segmente als atomar angesehen und bilden Versionen und Sichten eines Entwurfsobjekts.

3.1. Domäne und Operationen

Die Domäne von IREEN wird durch einen Satz wechselseitig abhängiger abstrakter Datentypen gebildet. Als Beispiele wären die abstrakten Typen DESCRIPTION-SEGMENT, PORT oder POLYGON zu nennen.

Alle IREEN-Typen werden im Rahmen eines einheitlichen Datenmodells mit Hilfe der zugehörigen Definitionssprache **DEFLAN** spezifiziert. Zu DEFLAN gehören die elementaren Typen integer, bool, real, string und attributierbare abstrakte Typen record, list, set, segment, alternative und design_object, die jeweils für eine Familie abstrakter Typen stehen. Felder von Records können durch beliebige Typen realisiert werden, insbesondere wieder durch Records, wodurch Typen mit einer baumartigen Struktur definiert werden können.

Zur Spezifikation der IREEN-Typen können die elementaren Typen der DEFLAN-Domäne sowie die durch Attributparameterbindung aus den Typfamilien gewonnenen, gebundenen abstrakten Datentypen übernommen werden. Das folgende Beispiel zeigt die DEFLAN-Definition des IREEN-Records zur Beschreibung eines bedingten Ausdrucks: Der IREEN-Typ if_expression ist ein Mitglied der DEFLAN-Typfamilie record, aus der er durch Parameterbindung bei der IREEN-Definition hervorgegangen ist. Bei der Attributbindung gehen die IREEN-Typen expression und type_designator ein, die an dieser Stelle schon definiert sein mögen.

```
SUBTYPE if_expression BODY record (
    'condition':      expression
    'then_part':      expression
    'else_part':      expression
    'actual_type':    type_designator);
```

Zusammen mit den IREEN-Typen werden keine eigenen Zugriffsfunktionen angegeben, vielmehr werden die Funktionen der entsprechenden DEFLAN-Typen von diesen geerbt. Eine Auswahl dieser Funktionen ist in der Beschreibung der beiden Schichten in den folgenden Kapiteln enthalten.

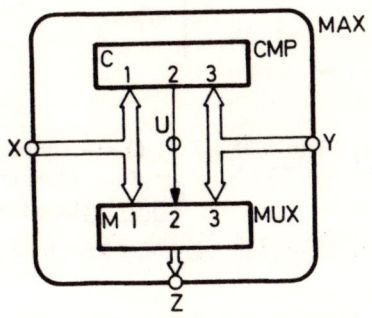

Abb. 3: Schaltungsbaustein MAX

3.2. Schicht 1: Segmentaufbau

Auf dieser Ebene wird die Zusammensetzung eines Segments aus seinen Teilen beschrieben. Die Grundstruktur eines IREEN-Segments ist dabei ein attributierter Baum. Es wird unterschieden zwischen einfachen und strukturierten Knoten. Strukturierte Knoten können Mengen oder Listen von Knoten sein. Einfache Knoten werden durch den Typ record realisiert und enthalten nur Attribute, wobei Kanten zu Teilbäumen als spezielle Form von Attributen aufgefaßt werden. Die restlichen Attribute sind von einem der elementaren Typen Bool, Integer, Real oder String. Die Domäne der Schicht 1 wird aus elementaren Typen, Listen und konkreten Records gebildet.

Die Umsetzung einer Schaltung in ein DESCRIPTION-Segment soll am Beispiel eines Schaltungsbausteins MAX erläutert werden, der am Ausgang Z jeweils das Maximum der an den Eingängen X und Y angelegten Werte abliefert. Sie besteht aus einem Exemplar C eines Vergleicherbausteins CMP und einem Exemplar M des Multiplexerbausteins MUX (Abb. 3).

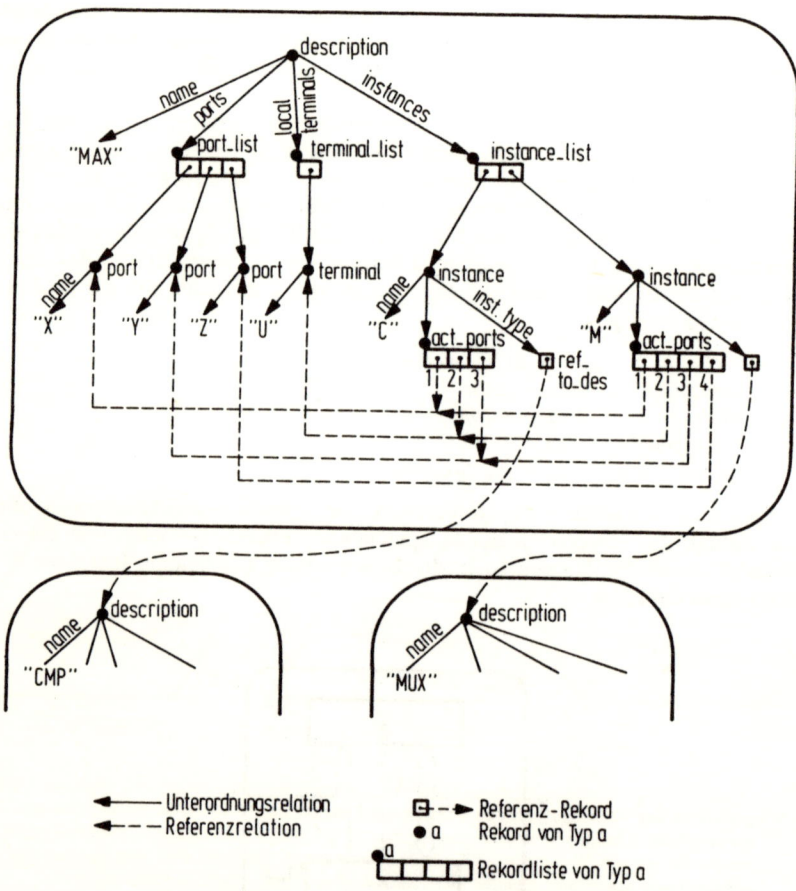

Abb. 4: Beispiel für ein DESCRIPTION-Segment

Abbildung 4 zeigt das zugehörige Datenobjekt im konzeptuellen Schema IREEN. Man erkennt deutlich die zentralen Komponenten des DESCRIPTION-Segments: Name, Ports, lokale Anschlüsse, Instanzen und die zwischen ihnen bestehenden Relationen.

Die Zugriffsfunktionen auf Segmente bilden die Datenschnittstelle. Das zentrale Instrument der Datenschnittstelle ist ein sogenannter Traverser, der etwa als "Baumzeiger" interpretiert werden kann und sich mit Hilfe der Zugriffsfunktionen über den Baum bewegen läßt. Wegen der Abstraktion von den tatsächlichen Speicherstrukturen bleibt die Position des Traversers bzw. die "Adresse" des entsprechenden Knotens dem Anwenderprogramm verborgen. Erlaubt sind dagegen die Abfrage des Knotentyps, übliche Listenoperationen für strukturierte Knoten oder das Setzen oder Lesen von Attributwerten bei einfachen Knoten.

3.3. Schicht 2: Beziehung zwischen Segmenten

Segmente werden auf dieser Sicht als atomar betrachtet. Stattdessen wird die Beziehung zwischen einzelnen Segmenten beschrieben. Dazu enthält die Domäne der zweiten Schicht neben dem Datentyp Segment noch die Typen Design-Objekt und View.

Während verschiedene CAD-DB-Ansätze in der Literatur einen zwei- oder dreistufigen Baum zur Versionsverwaltung anbieten, bei dem beispielsweise Sichten zu Versionen und mehrere Versionen wiederum zu Alternativen zusammengefaßt werden, versucht IREEN-3 mit einem speziellen Versionsbaum beliebiger Tiefe der experimentellen Arbeitsweise des Designers Rechnung zu tragen:

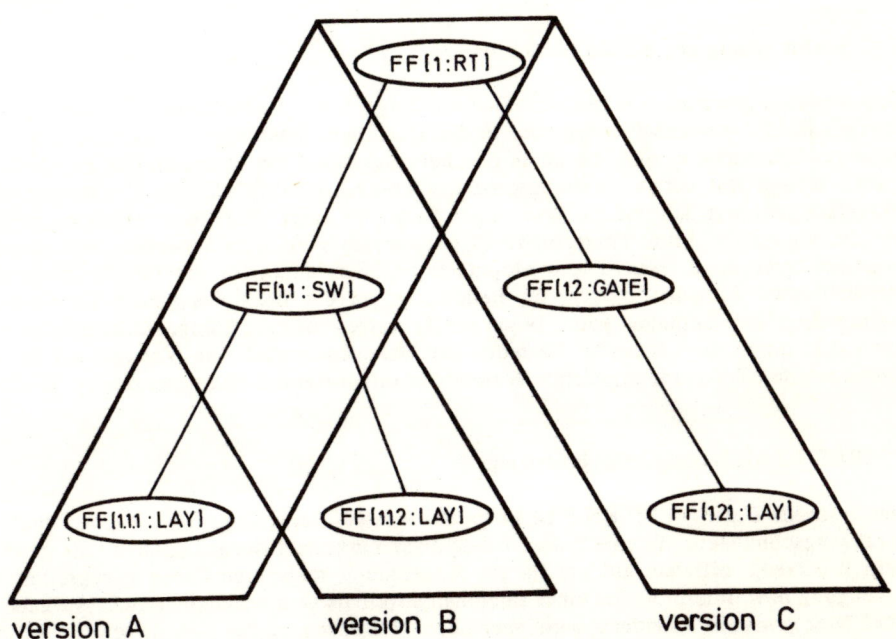

Abb. 5: Versionsbaum: Man sieht deutlich die stärkere Verwandtschaft von Version 1.1.2 zu 1.1.1 gegenüber der Verwandtschaft zu Version 1.2.1, da im ersten Fall beide aus der gleichen Version 1.1 hervorgehen. Allen gemeinsam ist die Version FF [1 : RT]. Die Angaben RT, GATE, SW und LAY stehen für die Sichten Register-Transfer, Gatterebene, Switch-Level und Layout. Es muß nicht notwendigerweise immer dieselbe Sicht auf einer bestimmten Versionsstufe stehen.

Der Designer entwirft zunächst eine erste Beschreibung des Entwurfsobjekts auf einer bestimmten Sicht. Diese Beschreibung kann auf einer "feineren" Sicht präzisiert oder ganz allgemein durch eine Beschreibung auf einer weiteren Sicht ergänzt werden. Die einzelnen Beschreibungen auf den unterschiedlichen Sichten beziehen sich alle auf dasselbe Objekt, heben aber jeweils andere Teilaspekte hervor. Das heißt, die Objektsichten müssen widerspruchsfrei sein. Z. B. spezifiziert eine Objektsicht den Leistungsverbrauch eines Objekts, die andere den Flächenbedarf. Beim top-Down-Entwurf werden mit jeder hinzugefügten Objektsicht Entwurfsentscheidungen getroffen, die die Spezifikation präzisieren bzw. die Lösungsmenge einschränken. Im allgemeinen sind zu jeder Entwurfsentscheidung Alternativen möglich. Sie ergeben die Versionen.

Damit ergibt sich eine baumartige Versions- und Sicht-Struktur, wobei jeder Knoten einer Objektsicht entspricht und durch ein Exemplar des Typs View realisiert wird. View ist ein Record, der ein Feld zur Identifikation der Sicht und als weiteres Feld ein Segment für die eigentliche Beschreibungsinformation enthält.

Alle Pfade des Baumes werden als Objektversionen bezeichnet. Die Objektversionen bestehen somit aus mehreren Objektsichten, nämlich aus allen Knoten des Pfades. Damit wird der umgangssprachliche Versionsbegriff präzisiert, wo für zwei Versionen auch eine Reihe gemeinsamer Eigenschaften vorausgesetzt wird. In IREEN hat diese Gemeinsamkeit in dem Teilpfad des Versionsbaums seinen Platz, der zu beiden Versionen gehört.

Die Zugriffsfunktionen der Schicht 2 bilden die Verwaltungsschnittstelle. Zu den Funktionen der Verwaltungsschnittstelle gehören das Erzeugen, Auffinden oder Löschen eines Entwurfsobjekts oder einer Sicht. Objekte werden dabei über ihren Namen angesprochen, der bei Sichten durch eine evtl. mehrstufige Versionsnummer, die den Zugriffsweg durch den Versionsbaum beschreibt, ergänzt wird.

3.4. Verknüpfung der beiden Schichten

Das Anwenderprogramm erhält zunächst nur Zugang zur Verwaltungsschnittstelle, die es ermöglicht, das gewünschte Segment in der Datenbank ausfindig zu machen. Der Übergang zur Datenschnittstelle, die allein den Feinzugriff auf die Innereien des Segments gestattet, erfolgt mit der Verwaltungsprozedur OPEN_SEGMENT, die gleichzeitig einen Traverser generiert, der auf die Wurzel des Segments zeigt. Ein Benutzerprogramm kann gleichzeitig über mehrere Traverser verfügen, die sich auch nicht notwendig alle im selben Segment bewegen müssen. Diese Möglichkeit ist vor allem für die Beschreibung eines hierarchischen Entwurfsobjekts von Bedeutung, da ein IREEN-Segment Verweise auf weitere Segmente enthalten kann. Wenn ein Traverser auf eine gültige Aufrufsstelle zeigt, kann dort durch eine spezielle Prozedur der Datenschnittstelle ein Verweis auf die von einem zweiten Traverser angezeigte Wurzel des aufzurufenden Segments erzeugt werden.

4. IREEN-3 als Datenbankschnittstelle

Der abstrakte Datentyp IREEN-3 ist so spezifiziert, daß seine Zugriffsfunktionen direkt als Werkzeugschnittstelle für eine Entwurfsdatenbank eingesetzt werden können. Sie gestatten dem Werkzeug, effizient auf die für die Anwendung relevanten Daten zuzugreifen. Die Erzeugung bzw. Interpretation eines Interchangeformats ist ausdrücklich nicht Aufgabe der IREEN-Schnittstelle, sondern wird speziellen Werkzeugen, die mit dieser Schnittstelle kommunizieren, überlassen. Dies ist auch die geeignete Stelle zum Anschluß von EDIF an eine Entwurfsdatenbank.

4.1. Datenintegration

Zentrale Aufgabe einer Entwurfsdatenbank ist die Verwaltung aller beim Entwurfsprozeß benötigten Daten. IREEN-3 stellt umfangreiche Hilfsmittel zur Beschreibung von Hardware auf unterschiedlichsten Abstraktionsebenen sowie zur Speicherung von Technologiedaten und zur Versions- und Sichten-Verwaltung zur Verfügung.

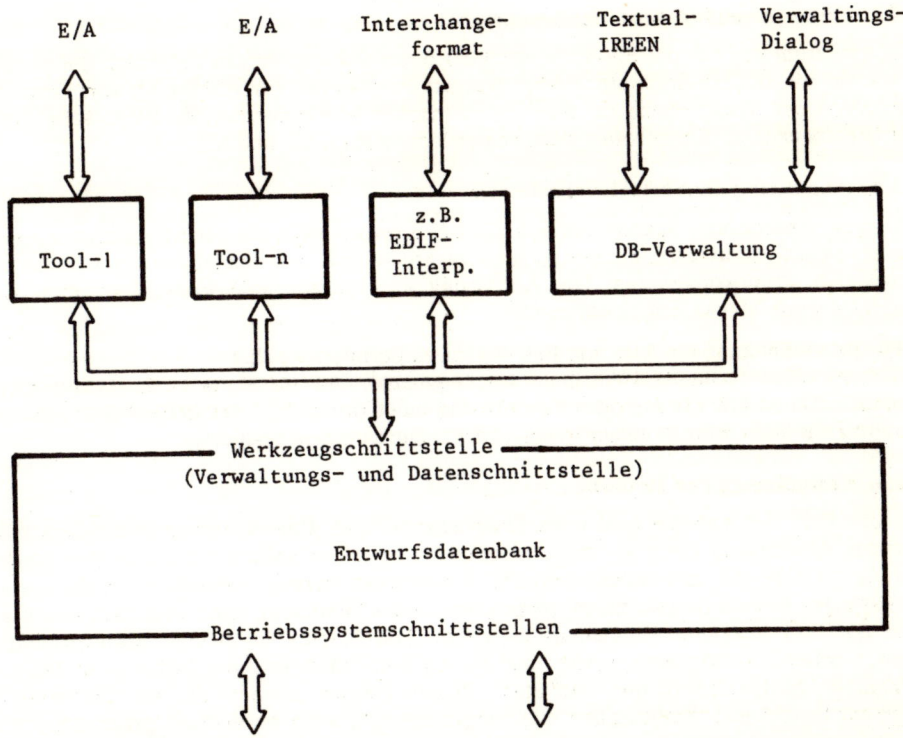

Abb. 6: Zugriff: Der Zugang zur Datenbank erfolgt für den Benutzer über geeignete Tools, die ihrerseits mit der IREEN-Datenbank über deren Werkzeugschnittstelle verkehren. Die Werkzeugschnittstelle wird durch einen Satz von Unterprogrammen realisiert, die zu zwei Gruppen zusammengefaßt werden, nämlich der Verwaltungsschnittstelle für den "Grobzugriff", etwa zum Erzeugen und Löschen ganzer Segmente und der Datenschnittstelle für den "Feinzugriff", das heißt für die Manipulation der Segmentbestandteile.

4.1.1. Anwendungsnahe Datenstrukturierung

Die IREEN-3-Definition ist eng an die Teil-Ganzes-Struktur des zu modellierenden Umweltausschnitts angelehnt. Beispielsweise kann die obere Schicht mit Zellen in einer Bauteilebibliothek verglichen werden, die zusätzlich noch Versionen und Sichten verwalten kann.

Die Grobstruktur der Segmente selbst ist ebenfalls an die aus der Anwendung vorgegebene Informationsstrukturierung angepaßt: Zum Beispiel besteht ein DESCRIPTION-Segment, das ein Hardwaremodul beschreibt, aus Name, Attributliste, Portliste und Rumpf.

Die für die Hardwaremodellierung entscheidende Beschreibung von Instantiierung und Konnektivität wird in IREEN auf verschiedene Weisen unterstützt, um den etablierten Methoden gängiger Entwurfswerkzeuge gerecht zu werden:

- **Bauteilbezogene Konnektivitätsbeschreibung:** Dieses Verfahren wird beispielsweise in SPICE eingesetzt, wo zunächst Ports und Knoten definiert werden, die dann vergleichbar mit dem Prozeduraufruf in Programmiersprachen bei der Instantiierung der Bauteile an den Parameterpositionen eingesetzt werden. Die Verbindungsinformation ist also an die Instanzen der Bauteile gebunden.
- **Netzlistenorientierte Konnektivitätsbeschreibung:** IREEN bietet ein weiteres Verfahren zur Angabe der Verbindungen, das auch in EDIF benutzt wird. Hier wird zu bereits erzeugten Instanzen angegeben, welcher Port der einen Instanz mit welchem der anderen verbunden ist.

4.1.2. Bisher erprobte Abstraktionsebenen

Das Spektrum der mit IREEN-3 abgedeckten Beschreibungsebenen zeigt sich durch einen Blick auf die IREEN-Software. Bisher wurden Programme zur Abbildung von Entwurfsdaten von der Systemebene bis zum geometrischen Maskenlayout für VLSI-Schaltkreise auf IREEN erstellt. Einzelheiten dazu finden sich in Kap. 6.2 und 6.3.

4.1.3. Anpassung an Abstraktionsebenen

Die oben beschriebene Spannweite von IREEN-3 beruht nicht auf einer Spezialisierung auf einige typische Entwurfssituationen, sondern ergibt sich aus den allgemein und flexibel angelegten Grundkonstrukten. Die Anpassung an eine spezielle Entwurfssituation wird durch folgende Mechanismen unterstützt:

- Für jede Sicht kann ein Satz von Basiszellen vordefiniert werden.
- Sichtspezifische Standard-Attribute für Segmente und für Ports (z. B. Leistungsverbrauch, Datenflußrichtung oder Fanout) sind nicht Bestandteil der IREEN-Spezifikation, sondern werden vom Benutzer in einem Sichtdatensegment festgelegt.

4.1.4. Erweiterung der Domäne

Für den Fall, daß sich die genannten Erweiterungs- und Anpassungsmechanismen für bestimmte Anwendung doch als nicht ausreichend erweisen sollten, oder daß eine Modellierung zu sehr die anwenderspezifische Datenstrukturierung verdecken würde, ist ein zweistufiges Erweiterungskonzept vorgesehen: Jedes Werkzeug kann eine Datenbank um eine nur ihm bekannte Segmentart erweitern. Die Knoten in diesen "Toolsegmenten" können beliebig konfiguriert werden und als Attribute auch nach der "offiziellen" IREEN-3-Version gültige Teilbäume enthalten. Beispielsweise können die im Technologie-Segment festgelegten Farbtabellen von Programmen, die ein besonderes graphisches Ein-Ausgabegerät benutzen, in einem Toolsegment speziell für dieses Gerät neu definiert werden. In einer zweiten Stufe ist geplant, Toolsegmente, die offensichtliche Lücken der Definition schließen, oder die sich als Standard eingebürgert haben, in die IREEN-Spezifikation mit aufzunehmen. Eine Implementierung sollte also diese Möglichkeit mit berücksichtigen.

4.1.5. Entwurfsmethodologie

Mit der IREEN-Definition soll keine Entwurfsmethode festgeschrieben werden. Sowohl beim Zusammenfügen der Segmente, wie beim Erzeugen der Segmente selbst oder beim Erstellen neuer Sichten, sollen keine sinnvollen Vorgehensweisen unterbunden werden. Insbesondere wurde in beiden Fällen die Top-down- und die Bottom-up-Methode ermöglicht.

4.2. Datenunabhängigkeit

Da IREEN als abstrakter Datentyp definiert wird, beinhaltet die Definition von IREEN ausdrücklich kein Übergabeformat oder ein Textformat zur Kommunikation zwischen Werkzeugen. Es werden lediglich die Domäne und die Zugriffsfunktionen festgelegt. IREEN erfüllt damit als Schnittstelle zwischen Werkzeug und Entwurfsdatenbank die Forderung nach Datenunabhängigkeit durch Abstraktion von der physischen Speicherung der IREEN-Records. Somit bleibt bei Anschluß neuer Werkzeuge oder bei Verwendung neuer datenbankinterner Speicherformen die Schnittstelle bereits angeschlossener Werkzeuge unberührt.

4.3. Effizienz

Die Funktionen zum Öffnen von Bibliotheken und Segmenten haben, vergleichbar mit den Sperren bei Datenbanken, die Aufgabe, Zugriffskollisionen zu verhindern. Sie können mit den Funktionen der Datenschnittstelle zu Transaktionen zusammengefaßt werden. Weitere Einzelheiten zu einem CAD-gerechten Transaktionskonzept sind nicht Bestandteil des vorliegenden Papiers. IREEN-3 ist bewußt so spezifiziert, daß ein Segment die kleinste "Sperreinheit" bildet. Damit ist eine effiziente Implementierung der Datenbanksoftware möglich, insbesondere mit Rücksicht auf graphisch-interaktive Anwendungen, wo nach einmaligem Zugriff auf das Segment dessen Bestandteile (z. B. 100000 Rechtecke) gelesen werden können, ohne für jeden Einzelrecord die Zugriffskontrollen durchlaufen zu müssen.

4.4. Konsistenz

Der Schwerpunkt der IREEN-3-Entwicklung bestand darin, ein CAD-gerechtes Datenmodell und ein umfassendes konzeptuelles Modell für alle Bereiche des Entwurfs elektronischer Schaltungen zu schaffen. Dabei wurde versucht, so wenig wie möglich eine Implemetierung der Schnittstelle durch Vorgaben und Forderungen einzuengen. Andererseits wurden mögliche Auswirkungen der Schnittstellendefinition auf Effizienz und Konsistenzerhaltung untersucht und berücksichtigt. Dies soll im folgenden verdeutlicht werden:

4.4.1. Strukturelle Konsistenz

Zu den Aufgaben der IREEN-Zugriffsfunktionen gehört die automatische Überwachung der strukturellen Konsistenz, das heißt es können nur im Sinne der Domänen-Definition richtige IREEN-Bäume erzeugt werden. Durch diese Einschränkung der erlaubten Bäume wird eine sehr starke Plausibilitätskontrolle erreicht, die etwa mit der Syntaxprüfung bei Programmiersprachen vergleichbar ist. Ob die Beschreibung einer Schaltung tatsächlich den geforderten Bedingungen genügt, oder ob ein Layout mit einer Registertransferbeschreibung übereinstimmt, erfordert im allgemeinen sehr aufwendige Verfahren oder kann oft nur vom Designer behauptet werden.

Beispielsweise erfolgt die Überprüfung elementarer geometrischer Entwurfsregeln außerhalb der Datenbank von einem "Design-Rule-Checker" (s. Kap. 6.6). Hier muß der Designer trotz Fehlermeldungen der Testsoftware die Korrektheit seines Layouts formulieren können, wenn er etwa die Verstöße gegen allgemeine Designrules in einem Spezialfall, dessen Auswirkungen er kennt, bewußt in Kauf nimmt. Konsistenzbedingungen dieser Art (semantische Konsistenz) können von der Datenbank zwar nicht überprüft, aber dennoch verwaltet werden. In IREEN-3 ist daher ein sogenannter Statusblock vorgesehen, der nicht über die normalen Traverserfunktionen für die Werkzeuge erreichbar ist, und zur Aufnahme solcher Korrektheitsaussagen dient.

4.4.2. Sicht- und Versionskonsistenz

Eine besondere Unterstützung zur Überprüfung der Äquivalenz zweier Sichten bietet IREEN-3 durch die Möglichkeit, eine einmal festgelegte Zerlegung eines Systems in Komponenten als für alle Sichten verbindlich zu erklären. Auch hier gilt, daß weitergehende Tests Spezialwerkzeugen und dem Ermessen des Entwerfers überlassen werden müssen, jedoch können die Ergebnisse im Statusblock festgehalten werden. Aufgrund der Struktur des Versionsbaums ergibt sich die Versionskonsistenz automatisch aus der Sichtkonsistenz: Da dann für jede Version Widerspruchsfreiheit zwischen den einzelnen Sichten vorliegt, gilt dies insbesondere für die Sichten auf dem gemeinsamen Teilpfad des Versionsbaums. Damit ist für diesen Eigenschaftskern die Konsistenz gegeben, während sich Sichten in den verschiedenen Teilpfaden durchaus widersprechen dürfen (Beispielsweise kann für eine gegebene RT-Beschreibung jeweils das Layout für eine schnelle und eine langsame Realisierung angegeben werden).

4.4.3. Operationelle Konsistenz und Mehrbenutzerbetrieb

Bedingt durch das zweischichtige Datenmodell ist eine einfache Implementierung der Zugriffskoordination möglich, da IREEN bewußt so spezifiziert ist, daß alle Synchronisationsprobleme auf der oberen Schicht etwa durch Sperren einzelner Segmente gelöst werden können, ohne auf deren Einzelbestandteile zugreifen zu müssen.

5. Realisierung einer Experimentierdatenbank

Die Entwicklung des IREEN-Datenmodells und des Schemas für den Entwurf elektronischer Schaltungen sollte durch praktische Erprobung mit realistischen Schaltungen und typischen Entwurfswerkzeugen der unterschiedlichsten Art abgesichert werden. Zu diesem Zweck entstand am Institut für Datentechnik der TH Darmstadt eine IREEN-Experimentierdatenbank /8,17/. Die Implementierung stützt sich auf die Beobachtung, daß das konzeptionelle Schema IREEN-3.10 nur die prinzipiell möglichen Beschreibungsformen für Entwurfsobjekte festlegt, aber invariant gegenüber dem Aufbau der einzelnen Objekte, der Technologieart oder der Gültigkeit von Attributen ist und sich deshalb nur selten ändert. Daher wurde eine Datenbank mit festem konzeptuellem Schema realisiert. Als internes Modell wurde ein Satz von PASCAL-Records gewählt, wobei jedem abstrakten IREEN-Record eine Record-Variante zugeordnet wird.

6. Bisherige Erfahrungen mit der Pilotimplementierung

Eine Reihe von Entwurfswerkzeugen wurde bisher an diese Datenbank angepaßt, nennenswerte Laufzeitverschlechterungen oder, was anfangs auch befürchtet wurde, Speicherplatzprobleme traten dabei nicht auf, vielmehr konnten bei fast allen Werkzeugen der Funktionsumfang erweitert werden. Im einzelnen wurden folgende Programme angepaßt:

6.1. GREDIT

Kernstück für den Zugriff ist der im Institut für Datentechnik in Zusammenarbeit mit dem Institut für Halbleitertechnik entwickelte Graphikeditor GREDIT, der in seinem derzeitigen Ausbau eine komfortable Umgebung zur Manipulation hierarchischer Layout-Segmente in einer Entwurfsdatenbank bietet /15/. Durch den Anschluß an die IREEN-DB ist es möglich, den geplanten Endausbau des Editors in Angriff zu nehmen und graphisch-interaktive Zugriffe zu allen geometrisch darstellbaren Objekten auf allen in IREEN verwendbaren Abstraktionsebenen zu realisieren. GREDIT ist auf VAX/VMS und Siemens/BS2000 ablauffähig und über eine GKS-Schnittstelle leicht anpaßbar /1/. Zusätzlich stehen für TEKTRONIX- und AED-Terminals Spezialtreiber mit guter Ausnutzung der Terminalintelligenz zur Verfügung /12/.

6.2. COCOFE

Das CONLAN-Compiler Frontend (COCOFE) wurde mit einer IREEN-DB-Schnittstelle versehen /13/. Damit wurde die Flexibilität von IREEN bestätigt, da CONLAN im Unterschied zu herkömmlichen Hardwarebeschreibungssprachen eine ganze Sprachfamilie umfaßt, mit Konstruktionsmechanismen zur Erzeugung neuer Gliedsprachen. Durch den Anschluß von COCOFE an die IREEN-Datenbank können jetzt alle Entwurfsdaten, die in einer dieser Gliedsprachen vorliegen, automatisch in IREEN-Form gespeichert werden /10,14/. Im Rahmen des CONLAN-Projekts wurden bisher folgende Sprachen formal abgeleitet:

- RTSQ und REGLAN	Realzeit-Register-Transfer-Ebene
- WISLAN	Gatter-Ebene
- NETLAN	Schaltkreis-Ebene
- SMAX	Hardwareverifikation mit in CONLAN formulierbaren "Assertions"

Die Multi-Level-Hardware-Beschreibungssprache CASCADE basiert ebenfalls auf CONLAN /2/ und umfaßt folgende Ebenen:

- LASSO	Systemarchitektur
- LASCAR	Funktionale Architektur
- CASSANDRE	Register-Transfer
- POLO	Logische Gatter
- CASTOR	Switch Level
- IMAG	Elektrische Schaltkreise

6.3. CIF-Ein-/Ausgabe

Durch die Entwicklung eines Programms zum Austausch von Layoutdaten zwischen einer CIF-Datei und der IREEN-Datenbank wurde eine Möglichkeit geschaffen, die zahlreich vorhandenen, an CIF orientierten Werkzeuge zusammen mit den auf der Datenbank arbeitenden Tools einzusetzen.

6.4. Maskenaufbereitung und Plotten

Ebenfalls auf der IREEN-DB arbeiten eine Weiterentwicklung des universellen Plotprogramms UNIPLOT, das auch Hierarchien darstellen kann, und ein Programm MERGE, das Rechteck - Polygon - Umwandlungen in beiden Richtungen durchführt, zusätzlich Strukturen vergrößern und verkleinern kann und auf Wunsch bei der Ausgabe Maximalabmessungen und Mindestüberlappungen berücksichtigt.

6.5. Switch-Level, Stickdiagramme und Maskenlayout

Das Versionen- und Sichtenkonzept der IREEN-Schnittstelle soll in einem ersten Versuch durch parallele Beschreibung auf Switch-Level, Stick- und Maskenlayout-Ebene erprobt werden. Dazu wurde bereits eine Sprache zur Eingabe einer Switch-Level-Netzliste aus CONLAN abgeleitet, die Anpassung des entsprechenden Simulators, der am Institut für Halbleitertechnik entwickelt wurde, ist in Bearbeitung. Die Umsetzung von der Netzliste in Stickdiagramme erfolgt durch Sichtwechsel mit Beibehaltung der Dekomposition in GREDIT, wobei die Plazierung interaktiv überarbeitet wird. Die Konvertierung der Stickdiagramme in VLSI-Maskenlayout übernimmt ein technologieunabhängiger, parametrisierbarer Konverter, der nicht nur Ein- und Ausgabe-Layouts sondern auch die Konvertierungsregeln aus der IREEN-DB liest. Abschließend erfolgt eine Kompaktierung mit dem am Institut für Halbleitertechnik entwickelten Kompaktionsprogramm COSMOS.

6.6. Hierarchischer Design-Rule-Checker (HDRC)

Die ursprüngliche Version des Design-Rule-Checkers GAMBIT war wegen Beschränkungen des benutzten Datenformats nur in der Lage, nichthierarchische Layouts auf geometrische Entwurfsfehler zu überprüfen. Durch den Anschluß an die IREEN-Datenbank war eine Erweiterung zu einem hierarchischen DRC möglich. Dadurch konnte bei regulären Layouts die Anzahl der insgesamt zu testenden Rechtecke gegenüber dem vorher praktizierten Verfahren erheblich reduziert werden /7/.

7. Literatur

/1/ J. Bellin: Ein GKS-Interface für den Graphikeditor GREDIT; Diplomarbeit Institut für Datentechnik, THD Okt. 1985.

/2/ D. Borrione, C. Le Fou: Overview of the CASCADE Multi-Level Hardware Description Language and its Mixed - Mode Simulation Mechanisms; CHDL 85, Participants Edition; p. 239, North-Holland, Aug 1985.

/3/ EDIF Steering Committee: Preliminary EDIF Specification - Electronic Design Interchange Format Version 0.8; Mai 1984.

/4/ M. Glesner, R. Piloty: Das Darmstädter VLSI-Entwurfssystem DAMOS - Entwicklung und Einsatz; Tagungsband zum E.I.S.-Workshop 84; GMD-Studien Nr. 94, Nov. 1984.

/5/ T. Härder, W. Keller, B. Mitschang, E. Siepmann, G. Zimmermann: Datenstrukturen und Datenmodelle für den VLSI-Entwurf; Sonderforschungsbereich 124, Report Nr. 26/85.

/6/ G. Helmstädter: Ein Programm zum Austausch von Layout zwischen CIF-Dateien und einer IREEN-Datenbank; Diplomarbeit Institut für Datentechnik, THD April 1985.

/7/ R. Illichmann: Entwicklung und Implementierung einer hierarchischen Design-Rule-Checkers; Diplomarbeit Institut für Datentechnik, THD Nov. 1985.

/8/ W. Kamp: Entwurf und Implementierung von Datenbankfunktionen für ein integriertes Entwurfssystem auf der Basis der CONLAN-Zwischenform IREEN-3; Diplomarbeit Inst. f. Datentechnik, THD Juli 1984.

/9/ R. H. Katz: Managing the Chip Design Database; IEEE Computer 16, No. 12, Dez. 83.

/10/ B.Kreling: IREEN - An Intermediate Form of CONLAN, Reference Manual; Int. Bericht RO 83/4 Institut für Datentechnik; TH Darmstadt; 1983.

/11/ P. C. Lockemann, K. R. Dittrich et al.:Database Requirements of Engineering Applications; Interner Bericht Nr. 12/85, FZI-Publikation Nr. 3; Universität Karlsruhe, Forschungszentrum Informatik; Juli 85.

/12/ H. J. Müller: Entwicklung und Implementierung eines Unterprogrammpakets zur Verwendung von TEKTRONIX-Farbrasterterminals über eine geräteunabhängige Graphikschnittstelle; Diplomarbeit Institut für Datentechnik, THD Feb. 1985.

/13/ R. Müller: Anschluß des CONLAN-Compiler-Frontends COCOFE an eine IREEN-Entwurfsdatenbank; Diplomarbeit Institut für Datentechnik, THD Sept. 1985.

/14/ R. Piloty, M. Barbacci, D. Borrione, D. Dietmeyer, F. Hill, P. Skelly: CONLAN Report; Springer-Verlag 1983

/15/ B. Weber: Benutzerhandbuch für die nMOS Version des graphischen Layout Editors GREDIT; Institutsbericht RO 84/5.

/16/ B. Weber: Definition von IREEN - Version 3.10 und Einsatzmöglichkeiten für Entwurfsdatenbanken; Diskussionsvorlage für die 23. Sitzung der Arbeitsgruppe Abstraktionsebenen und Schnittstellen, Mai 1986.

/17/ B. Weber: Einsatz von IREEN für ein integriertes Entwurfssystem; Tagungsband zum 2. E.I.S.-Workshop 86; GMD-Studien Nr. 110, März 1986.

Modellierung von VLSI-Entwurfsobjekten

Johannes Brauer
Institut für Datenverarbeitung
Universität-Gesamthochschule Siegen

Zusammenfassung

Es werden verschiedene Anforderungen an die Modellierbarkeit von technischen Objekten in Datenbanksystemen diskutiert, die von herkömmlichen Systemen nicht befriedigend erfüllt werden können. Verschiedene Vorschläge zur Erweiterung des relationalen Datenmodells werden dargestellt und auf ihre Anwendbarkeit für die Modellierung von VLSI-Entwurfsobjekten untersucht.

1. Einleitung

Der Einsatz von Datenbanksystemen für die Datenhaltung in CAD-Systemen wird seit langem diskutiert. Ein wesentlicher Punkt der Diskussion ist die Frage, ob es sinnvoll ist, für CAD-Anwendungen auf herkömmliche, für kommerzielle Anwendungen geschaffene Datenbanksysteme zurückzugreifen oder ob spezielle, auf die Anforderungen der jeweiligen Entwurfsdisziplinen zugeschnittene Systeme konstruiert werden müssen. Als ein Kompromiß zwischen diesen Alternativen kristalliert sich heraus, aufbauend auf herkömmlichen Systemen, Erweiterungen der Funktionalität und der Modellierbarkeit von Objekten zu untersuchen. Die grundsätzlichen Vorteile, die Datenbanksysteme heute bieten, wie z.B. Datenintegration, Konsistenzsicherung, Mehrbenutzerbetrieb und Datenunabhängigkeit sind für CAD-Anwendungen wie für kommerzielle Anwendungen gleichermaßen von Bedeutung. Andererseits bereitet die Modellierung von technischen Objekten mit Hilfe der konventionellen (hierarchischen, netzartigen und relationalen) Datenmodelle Schwierigkeiten, die im wesentlichen in der weitaus größeren Komplexität dieser Objekte im Vergleich zu solchen aus dem kommerziellen oder administrativen Bereich liegen. In den folgenden Kapiteln soll ein Überblick über verschiedene Konzepte für die Modellierung von komplexen Objekten gegeben werden. Es handelt sich dabei ausschließlich um Modelle, die so konzipiert sind, daß sie sich relativ leicht auf Codd'*sche* Relationen abbilden lassen, so daß als Implementierungsbasis relationale Datenbanksysteme verwendet werden können.

Die Anforderungen, die an solche Objektmodelle zu stellen sind, hängen sicherlich von dem jeweiligen technischen Anwendungsgebiet ab. In Kapitel 2 werden daher die Anforderungen, wie sie für den Entwurf integrierter Schaltungen typisch sind, präzisiert und die in Kapitel 3 vorgestellten Konzepte dahingehend untersucht, inwieweit sie diesen Anforderungen gerecht werden. In Kapitel 4 wird auf das Konzept von Batory und Kim [1985], das insbesondere für die Modellierung von VLSI-Entwurfsobjekten entwickelt wurde, ausführlicher eingegangen. Zur Erläuterung der Objektmodelle werden in EDIF formulierte Beispiele herangezogen. Im EDIF-Dokument [EDIF 1985] kann eine umfassende

Darstellung der im VLSI-Entwurfsprozeß anfallenden Daten gesehen werden. Setzt man voraus, daß sich EDIF als Standard-Datenaustauschformat durchsetzen wird, so ist es sicherlich sinnvoll, Datenbankschemata so zu strukturieren, daß aus der Datenbank heraus in einfacher Weise EDIF-Dateien erstellt werden können bzw. in EDIF beschriebene Entwürfe leicht in die Datenbank übernommen werden können. Deshalb ist es methodisch sinnvoll, EDIF als Grundlage für die Entwicklung von Datenbankschemata zu verwenden.

2. Anforderungen an Datenmodelle für VLSI-Entwurfsobjekte

Objekte, die in kommerziellen Datenbanken verwaltet werden, lassen sich meist durch die Angabe einiger weniger Eigenschaften beschreiben und werden in der Regel durch einen Datensatz (n-Tupel) repräsentiert. Technische Objekte im allgemeinen und VLSI-Entwurfsobjekte im besonderen können dagegen sehr kompliziert strukturiert sein. Ein Objekt ist in der Regel aus mehreren Unterobjekten aufgebaut, die ihrerseits wieder sehr komplex sein können. Ein und dasselbe Objekt kann unter verschiedenen Betrachtungsweisen - z.B. auf den verschiedenen Entwurfsebenen (Logik, Layout etc.) - völlig unterschiedlich beschrieben werden.

Innerhalb einer EDIF-Datei wird durch einen Design-Block ein einzelnes Entwurfsobjekt beschrieben, das aus beliebig vielen ''cells'' auf den verschiedenen ''views'' zusammengesetzt sein kann. Es ist sicherlich möglich, ein relationales Schema für alle in EDIF darstellbaren Informationen zu schaffen. Ein Objekt wird dann durch eine Vielzahl von Tupeln in verschiedenen Relationen beschrieben, deren Beziehung untereinander durch vom Benutzer definierte Schlüssel beschrieben und ggf. durch geeignete Verbundoperationen ausgewertet werden muß. Dies verlangt vom Benutzer eine genaue Kenntnis des Datenbankschemas.

In allen im Kapitel 3 diskutierten Konzepten findet sich daher ein Vorschlag, wie solche ''komplexen Objekte'' auf einer relationalen Struktur implementiert und durch das Datenbanksystem verwaltet werden können.

Eine weitere Anforderung an ein technisches Datenbanksystem ergibt sich aus der Entwurfsmethodik. Im Verlaufe des Entwurfsvorgangs entstehen verschiedene Versionen durch sukzessive Verbesserungen oder Beseitigung von Fehlern und es existieren verschiedene Entwurfsvarianten des gleichen Objekts. Das Bilden von Versionen und Varianten sowie deren Verwaltung sollte von dem Datenbanksystem unterstützt werden.

Die Beschränkung herkömmlicher Datenbanksysteme auf wenige Standard-Datentypen wie Ganzzahlen, Festkommazahlen und Zeichenketten ist z.B. für die Beschreibung von geometrischen Gebilden ungeeignet. Aus der Sicht eines Anwendungsprogrammes, z.B. eines graphischen Editors, sollte es möglich sein, die ein Polygon definierenden Koordinatenpaare als einen Wert vom Typ ''Punktfolge'' aufzufassen. Ein Attribut eines Polygons wäre demnach seine Punktfolge. Stünden nur die oben erwähnten Datentypen zur Verfügung, müßte eine solche Punktfolge für die Speicherung in einer Relation in ihre Bestandteile zerlegt werden. Ein technisches Datenbanksystem sollte daher die Möglichkeit bieten, Datentypen zu vereinbaren. Die Möglichkeit, ein Polygon als komplexes Objekt im obigen Sinn zu behandeln, ist aus Effizienzgründen sicherlich nicht sinnvoll, da es sich tatsächlich um ein primitives Objekt innerhalb eines VLSI-Layouts handelt.

3. Konzepte semantischer Datenmodelle

Der Begriff ''semantisches Datenmodell'' soll hier so verstanden werden, daß damit Datenmodelle gemeint sind, die mehr über die Bedeutung der zu modellierenden Teilwelt auszudrücken gestatten, als dies beim konventionellen relationalen Modell der Fall ist. Auch im Codd'schen Relationsmodell steckt z.B. über die Vorschriften zur Bildung der dritten Normalform ''Semantik''. Der Begriff ist also nicht als Gegensatz zu (nicht existierenden) ''syntaktischen'' Datenmodellen zu sehen.

3.1. Anwendung abstrakter Datentypen auf CAD-Datenbanken

In [Stonebraker, Rubenstein und Guttmann 1983] werden die Vorteile, die sich aus der Anwendung abstrakter Datentypen (ADTs), wie sie z.B. in [Liskov und Zilles 1974] eingeführt wurden, auf die Wertebereiche von Attributen von Relationen ergeben, dargestellt. Ein ADT ist eine gekapselte Datenstruktur mit den dazugehörigen Operationen auf dieser Struktur. Die Anzahl und die Mächtigkeit dieser Operationen können beliebig groß sein.

An ein CAD-Datenbanksystem ist als Minimalanforderung zu stellen, daß Umwandlungsoperationen zur Verfügung stehen, die es erlauben, daß Denotationen von Werten eines ADT in die Datenbank übernommen werden, bzw. daß solche externen Repräsentationen erzeugt werden können.

Als Beispiel für die Anwendung von ADTs soll das EDIF-Konstrukt ''polygon'' betrachtet werden, das die folgende Syntax aufweist:

> polygon::=(**polygon** {point} {property})
> point::=(**point** coordinate coordinate).

Da ein Polygon aus einer beliebigen Anzahl von Punkten besteht, kann die syntaktische Struktur bei der Verwendung skalarer Datentypen nicht direkt in eine Relation übersetzt werden, in der ein Polygon durch ein Tupel beschrieben wird. Ein möglicher Ausweg bestünde darin, das Polygon in seine Kanten zu zerlegen und dann für jede Kante unter Angabe ihrer Startkoordinaten und einer Kantennummer, die die Reihenfolge der Kanten des Polygons festlegt, ein Tupel abzulegen. Die Relation Polygon könnte dann die folgende Gestalt haben:

> polygon(polygon-id, vertex-number, x-coord, y-coord).

(Anmerkung: Für ''property'' ist in der Relation kein Attribut vorgesehen. Properties können selbst komplex strukturiert sein, so daß es zweckmäßig wäre, dafür eine eigene Relation zu definieren.) Über das Attribut ''polygon-id'' können alle Tupel (Kanten), die zu einem Polygon gehören, identifiziert werden. Die anwendungsorientierte Sicht eines Polygons als **ein** Objekt wird auf der Ebene des Datenbankschemas verändert. Das Objekt Polygon muß durch einen neuen Objekttyp ''Kanten'' realisiert werden, der zunächst überhaupt nicht existierte. Dieser Bruch in der Darstellung kann durch Einführung eines ADT ''coordinates'' vermieden werden. Werte vom Typ ''coordinates'' sind Folgen von Koordinatenpaaren, deren Anzahl beliebig ist. Die Relation Polygon sähe dann folgendermaßen aus:

> polygon (polygon-id, points).

Der Wertebereich des Attributs ''points'' ist vom Typ ''coordinates''. Jedem Polygon entspricht genau ein Tupel in dieser Relation. Für die Implementierung wäre es denkbar, in der Relation für jeden Attributwert von ''points'' einen Stellvertreter zu speichern, der auf einen separaten Speicherbereich verweist, in dem die Koordinatenfolgen verwaltet werden. Neben den erforderlichen Konvertierungsoperationen für Werte vom Typ ''coordinates'', könnten in diesem Fall z.B. weitere Operationen zur Berechnung der Fläche oder des Umfangs von Polygonen definiert werden. In [Stonebraker, Rubinstein und Guttmann 1983] wird auch die Möglichkeit angegeben, für die Zugriffsoptimierung sogenannte abstrakte Indizes auf Attributen mit abstrakten Datentypen zu definieren. Darauf soll hier jedoch nicht weiter eingegangen werden. Durch die Möglichkeit der Definition von abstrakten Datentypen hat der Schema-Entwerfer die Möglichkeit, die Objekte so ''fein'' zu modellieren, wie es für die Anwendung adäquat ist. Der Schemaentwurf wird nicht dadurch bestimmt, alles auf primitive Datentypen abbilden zu müssen. Die Anwendung von abstrakten Datentypen auf Spalten von Relationen stellt eine einfache Möglichkeit dar, ''Komplexität'' in den Griff zu bekommen. Dies sollte in einem technischen Datenbanksystem in jedem Fall möglich sein. Das Konzept der abstrakten Datentypen läßt sich auch ohne weiteres mit den in den folgenden Abschnitten vorgestellten Modellierungskonzepten kombinieren.

3.1.1. Aggregation und Generalisierung

In [J.M. Smith und D.S.P. Smith 1977 a,b] werden zwei Abstraktionsmechanismen, Aggregation und Generalisierung, behandelt. Bei der Aggregation wird eine Beziehung zwischen Objekten in ein neues Objekt höherer Ordnung verwandelt. Bei der Generalisierung wird eine Klasse von Objekttypen in einem neuen sog. generischen Objekt zusammengefaßt.

Das Konzept der Aggregation bedeutet im wesentlichen, daß die entstehende Hierarchie von Objekten dem System bekannt gemacht wird, so daß die Einhaltung der damit verbundenen Konsistenzbedingungen überwacht werden kann. Auch in einem Geflecht von ''normalen'' Codd'schen Relationen können hierarchische oder andersgeartete Beziehungen enthalten sein, die aber nur dem Anwender bekannt sind und somit durch das System auch nicht verwaltet werden können.

Der Aggregationsmechanismus nach Smith und Smith soll im folgenden anhand eines einfachen Beispiels erläutert werden. In EDIF kann die Definition einer ''cell'' aus mehreren ''views'' bestehen. Jedes ''view'' enthält als wesentliche Bestandteile eine ''interface-section'' und eine ''contents-section''. Ein ''view'' kann deshalb als übergeordnetes Objekt, das durch Aggregation der Objekte ''interface'' und ''contents'' entsteht, aufgefaßt werden. Dieser Sachverhalt wird in dem in [J.M. Smith und D.C.P. Smith 1977 a] beschriebenen an PASCAL angelehnten Formalismus in folgender Weise ausgedrückt:

> **type** *contents*   =   **aggregate**[*contents-id*]
> *contents-id: number;*
> .
> .
> .
> **end;**
> **var** *contents-sections*   =   **collection of** *contents;*

Durch die Typvereinbarung ''contents'' wird festgelegt, durch welche Unterobjekte oder Attribute ein Objekt von diesem Typ beschrieben wird. Hier ist nur ein Attribut, ''contents-id'', angegeben, das identifizierend für Objekte dieses Typs ist. Die identifizierenden Attribute werden hinter dem Schlüsselwort ''aggregate'' in eckigen Klammern angegeben. Durch die Variablenvereinbarung für ''contents-sections'' wird die Menge der zu einem bestimmten Zeitpunkt gültigen Schlüssel für Objekte vom Typ ''contents'' definiert. In ähnlicher Weise wird der Objekttyp ''interface'' eingeführt:

> **type** *interface*   =   **aggregate**[*interface-id*]
> *interface-id: number;*
> .
> .
> .
> **end;**
> **var** interfaces   =   **collection of** *interface;*

Als Aggregation dieser beiden Objekttypen wird der Typ ''view'' definiert:

> **type** *view*   =   **aggregate**[*contents-id, interface-id*]
> *contents-id:* **key** *contents-sections;*
> *interface-id:* **key** *interfaces;*
> *viewname: identifier;*
> *viewtype: viewtype-identifier;*
> .
> .
> .
> **end;**
> **var** *views*   =   **collection of** *view;*

Durch das Schlüsselwort ''key'' soll ausgedrückt werden, daß z.B. das Attribut ''interface-id'' einen Wert aus der Menge ''interfaces'' annehmen darf, d.h. einen Schlüssel eines z.Zt. existierenden Objekts von Typ ''interface''.

Diese Struktur der drei Objekttypen wird nun durch die drei folgenden Relationen dargestellt:

     contents-sections(number, ...)
     interfaces (number, ...)
     views (contents-key, interface-key, identifier, viewtype-identifier, ...)

Als Voraussetzung dafür, daß eine Relation eine Menge von sogenannten ''aggregate objects'' repräsentiert, werden die folgenden Bedingungen, ''relational invariants'' genannt, angegeben:

a) Alle Tupel einer Relation haben eindeutige Schlüssel.
b) Ist die Komponente S eines Tupels t einer Relation r Schlüssel einer anderen Relation r', so existiert in r' ein Tupel mit dem Schlüssel $t.S$.

Die Einhaltung dieser Bedingung hat weitreichende Konsequenzen auf Einfüge-, Lösch- und Änderungsoperationen für Relationen. Diese Konsequenzen werden in den vorliegenden Publikationen nur angedeutet und die damit zusammenhängenden Probleme sind zum Teil auch noch ungelöst. Darauf kann hier jedoch nicht näher eingegangen werden.

Nach der in [J.M. Smith und D.C.P. Smith 1977b] gegebenen Definition ist Generalisierung eine Abstraktion, bei der eine Menge von ähnlichen Objekten als ein generisches Objekt angesehen wird. Aus der Struktur von EDIF lassen sich kaum sinnvolle Beispiele für die Anwendung der Generalisierungsabstraktion ableiten. Man könnte z.B. die geometrischen EDIF-Objekte (polygon, rectangle, circle usw.) zu einem generischen Objekttyp ''figure'' zusammenfassen. Dazu könnte die folgende relationale Struktur benutzt werden:

     figure (figure-id, figure-type, figureGroupRef)
     polygon (figure-id, points)
     rectangle (figure-id, point, point)
     circle (figure-id, point, point)

Die Generalisierung drückt sich hier in dem Attribut ''figure-type'' der Relation ''figure'' aus. Dieses Attribut kann als Werte Namen von Relationen (hier: ''polygon'', ''rectangle'' und ''circle'') annehmen. Würde man alle geometrischen Primitive in eine Relation zusammenfassen, müßte diese alle für die verschiedenen Arten notwendigen Attribute vorsehen, d.h. die Relation enthielte zahlreiche Nullwerte. Dieser Nachteil entfällt bei der Verwendung der oben angegebenen Hierarchie von Relationen. Die Attribute des generischen Objekts werden auf die Unterobjekte vererbt und brauchen daher in den einzelnen Relationen nicht wiederholt zu werden.

In [J.M. Smith und D.C.P. Smith 1977 b] werden ebenso wie für die Aggregation Sprachkonstrukte für die Beschreibung von generischen Objekten angegeben und es werden auch ''relational invariants'' spezifiziert.

3.2. Das Konzept der komplexen Objekte

In diesem Abschnitt soll das Konzept ''complex object'', wie es von R.A.Lorie und W. Plouffe [1983] definiert wurde, erläutert werden. Dabei geht man davon aus, daß zur Beschreibung eines Entwurfsobjekts mehrere Tupel in verschiedenen Relationen erforderlich sind. Um eine Hierarchie von Tupeln, die ein Entwurfsobjekt beschreiben, z.B. bei Lösch- oder Kopieroperationen oder auch beim Setzen von Sperren als Einheit, nämlich als ein komplexes Objekt betrachten zu können, werden zwei spezielle Attributtypen eingeführt: Jede Relation erhält ein Attribut ''identifier''. Für jedes primitive Objekt (Tupel) wird bei der Erzeugung ein mindestens systemweit eindeutiger Schlüssel (identifier) generiert und in dem entsprechenden Attribut gespeichert. Durch ein Attribut vom Typ

"component-of (relation-name)" kann spezifiziert werden, daß ein Tupel *t* Komponente eines hierarchisch übergeordneten Tupels *t'* in der durch "relation-name" bestimmten Relation ist. Als Attributwert wird der "identifier" von *t* eingetragen. Als Beispiel wollen wir die in Abb. 1 dargestellte Hierarchie von "EDIF-Objekten" betrachten. Eine "cell" kann ein oder mehrere "views" haben. Jedes "view" kann aus einer "interface-section" und einer "contents-section" bestehen. Diese Hierarchie wird nun durch die folgende Relationenstruktur dem System bekannt gemacht:

cell (cell-id [identifier], cell-name [character] .....)
view (view-id [identifier], cell-view [comp-of (cell)], view-name (character) .....)
interface (interface-id [identifier], interface-view [comp-of (view)], ...)
contents (contents-id [identifier], contents-view [comp-of (view)], ...).

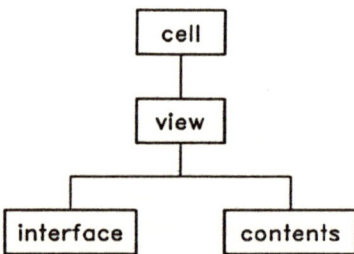

Abb. 1: Objekthierarchie in EDIF

In eckigen Klammern ist jeweils der Typ des Attributs angegeben. Die Typen "identifier" und "comp-of ( )" besitzen als Wertebereich die bereits erwähnten systemgenerierten Schlüssel. Für ein "view"-Tupel ist im Attribut "cell-view" der Schlüssel des "cell"-Tupels eingetragen, zu dem das "view"-Tupel gehört. Ein komplexes Objekt "cell" besteht also aus einer Hierarchie von Tupeln der o.g. Relationen. Diese Hierarchie ist dem System bekannt, so daß z.B. beim Löschen einer "cell" alle zu dem komplexen Objekt gehörenden Tupel automatisch gelöscht werden können.

Durch komplexe Objekte werden also Beziehungen, der Art "Objekt *a* ist Bestandteil von Objekt *b*" modelliert. Dieser Beziehungstyp ist bei VLSI-Entwurfsobjekten, die sehr häufig hierarchisch strukturiert sind, von großer Bedeutung. Es ist auch der Typ, der der Struktur von EDIF hauptsächlich zugrundeliegt.

Aus dem gewählten Beispiel wird deutlich, daß das Konzept der komplexen Objekte dem Abstraktionsmechanismus Aggregation ähnlich ist. Dort können allerdings beliebige Beziehungen zwischen Objekten benannt und zu neuen Objekten höherer Ordnung abstrahiert werden.

Komplexe Objekte haben immer Baumstruktur. Das heißt insbesondere, daß eine Relation nicht sich selbst untergeordnet sein kann. Die sehr wichtige Beziehung, daß eine Zelle aus Unterzellen aufgebaut ist, läßt sich daher mit dem Typ "comp of(.....)" nicht ausdrücken. Für derartige Beziehungen wird noch ein weiterer Typ "reference (.....)" eingeführt, mit dem Tupel beliebige andere Tupel in der gleichen oder in anderen Relationen referenzieren können. Dem System fällt dabei die Aufgabe zu, zu prüfen, ob die referenzierten Tupel auch existieren.

Die in diesem Kapitel erläuterten Modellierungskonzepte sind, wie durch die Beispiele zu zeigen versucht wurde, auf die Modellierung von VLSI-Entwurfsobjekten anwendbar, auch wenn sie wie z.B. die in Abschnitt 3.2 behandelten Abstraktionsmechanismen nicht speziell für diese Anwendung konzipiert worden sind. Im nächsten Kapitel soll auf ein Modell eingegangen werden, das speziell für VLSI-Objekte entwickelt wurde und das einige der bereits vorgestellten Konzepte in sich vereinigt und erweitert und weitere für den Entwurfsprozeß bedeutsame Konzepte hinzufügt.

4. Die Konzepte des Batory/Kim-Modells

Das Datenmodell für VLSI-Entwurfsobjekte, wie es von D.S. Batory und W. Kim [1985] vorgeschlagen wird, umfaßt insgesamt vier Konzepte: Das Konzept des "molecular object" dient dazu auszudrücken, daß sich ein Objekt aus (primitiven) Objekten zusammensetzt. Unter "version generalization" wird die Zusammenfassung verschiedener Versionen (Implementierungen) eines Objekttyps verstanden. Das Konzept "instantiation" erlaubt es, bei der Definition einer Objektversion Ausprägungen von anderen Objekttypen zur referenzieren. Diese drei Konzepte werden in den folgenden Abschnitten ausführlich erläutert. Das vierte Konzept "parameterized version" soll hier nicht behandelt werden. Es sieht vor, daß bei der Spezifikation einer Objektversion V die Instanz eines anderen Objekttyps angegeben wird, wobei die Festlegung, um welche Version dieses Typs es sich handeln soll, erst zum Zeitpunkt der Instantiierung von V durch Parameterübergabe getroffen wird.

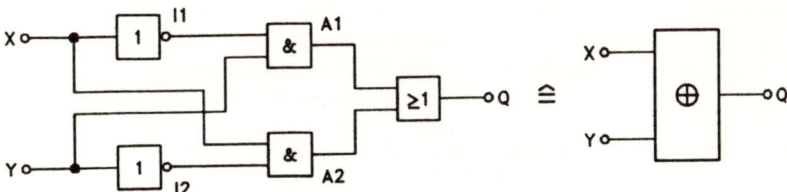

Abb. 2: Exklusiv-Oder-Gatter

Zur Erläuterung der Konzepte soll die Modellierung eines Exklusiv-Oder-Gatters, das in zwei Versionen vorliegt, vorgenommen werden. Im folgenden ist die EDIF-Beschreibung (netlist view) der in Abb. 2 dargestellten Version mit UND- und ODER-Gattern angegeben:

```
(cell xor
  (view Netlist xor_v1
    (interface
      (define input port (multiple x y))
      (define input port Q)
    )
    (contents
      (instance inv inv_net I1)
      (instance inv inv_net I2)
      (instance and and_net A1)
      (instance and and_net A2)
      (instance or or_net 01)
      (joined X (qualify I1 E)(qualify A2 E1))
      (joined Y (qualify I2 E)(qualify A1 E2))
      (joined   (qualify I1 Q)(qualify A1 E1))
      (joined   (qualify I2 Q)(qualify A2 E2))
      (joined   (qualify A1 Q)(qualify 01 E1))
      (joined   (qualify A2 Q)(qualify 01 E2))
      (joined Q (qualify 01 Q))
    )
  )
)
```

Die EDIF-Beschreibung der in Abb. 3 dargestellten Version des Exklusiv-Oder-Gatters unter Verwendung vom NAND-Gattern:

```
(cell xor
  (view Netlist xor_V2
    (interface
       (define input port (multiple X Y))
       (define output port Q)
    )
    (contents
       (instance inv inv_net I1)
       (instance inv inv_net I2)
       (instance nand nand_net N1)
       (instance nand nand_net N2)
       (instance nand nand_net N3)
       (joined X (qualify I1 E)(qualify N2 E1))
       (joined Y (qualify I2 E)(qualify N1 E2))
       (joined   (qualify I1 Q)(qualify N1 E1))
       (joined   (qualify I2 Q)(qualify N2 E2))
       (joined   (qualify N1 Q)(qualify N3 E1))
       (joined   (qualify N2 Q)(qualify N1 E2))
       (joined Q (qualify N3 Q))
    )
  )
)
```

Abbildung 4 enthält die EDIF-Beschreibung der oben verwendeten primitiven Gatter.

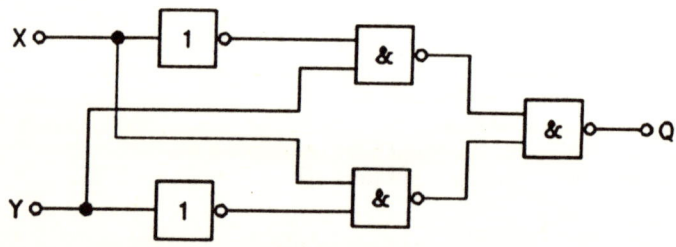

Abb. 3: Exklusiv-Oder-Gatter mit NAND-Gattern

4.1. Molecular Aggregation

Charakteristisch für ein "molecular object" ist die Aufteilung in "interface" und "implementation". Das "interface" ist sozusagen das Erscheinungsbild eines Objekts nach außen, während die "implementation" das Innenleben des Objekts beschreibt. Diese Aufteilung kommt der in EDIF vorhandenen Struktur mit "interface-section" und "contents-section" entgegen. Batory und Kim verwenden zur graphischen Darstellung der Modelle Entity-Relationship-Diagramme. In Abb. 5 ist das ER-Diagramm für das "molecular object" "cell" angegeben. Damit können EDIF-"cells" unter dem "view" "netlist" modelliert werden.

37

```
(cell inv
  (view Netlist inv_net
    (interface
      (define input port E)
      (define output port Q)
    )
  )
)
(cell and
  (view netlist and-net
    (interface
      (define input port (multiple E1 E2)
      (define output port Q)
    )
  )
)
(cell or
  .
  .
(cell nand
  .
  .
  .
```

Abb. 4: EDIF-Beschreibung der primitiven Gatter

Die obere Hälfte stellt das ''interface'' dar und entspricht dem in Abb. 2 dargestellten Beispiel des Exklusiv-Oder-Gatters in der rechten Darstellung. Das Datenmodell für die ''implementation'' befindet sich im unteren Teil von Abb. 5. Hier werden die Objekte ''cell'', ''ports'' und ''joins'' mit ihren Beziehungen zueinander zu einem Objekt zusammengefaßt (Aggregation). Das ''interface'' ist die Abstraktion der ''implementation''. Diese Zuordnung wird durch den gestrichelten Pfeil ausgedrückt.

Die Übertragung des ER-Diagramms in ein System von Relationen ist in Abb. 6 angegeben. Die in den Relationen eingetragenen Tupel entsprechen der o.g. EDIF-Beschreibung der Version 1 des Exklusiv-Oder-Gatters. Durch das Attribut ''parent-c#'' wird jeweils angegeben, zu welcher Zelle höherer Ordnung ein Objekt (Tupel) gehört.

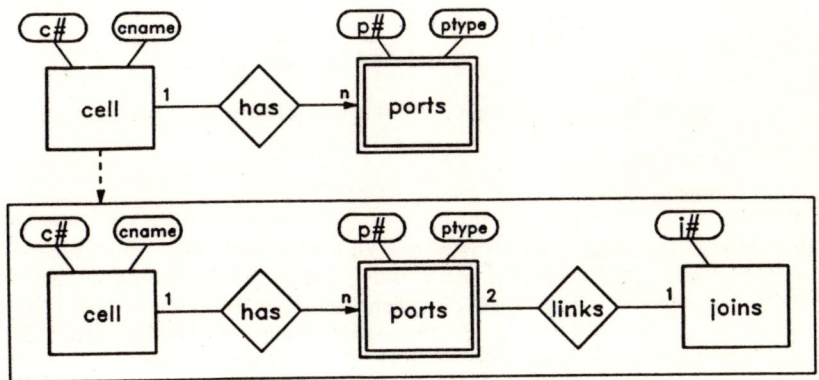

Abb. 5: ER-Diagramm für das molecular object ''cell''

Im Gegensatz zum Konzept des "complex object" können hier Zellen auch Komponenten von Zellen sein. Von der Abstraktion Aggregation nach Smith und Smith, wo eine Beziehung zwischen Objekten benannt und zu einem neuen Objekt abstrahiert wird, können bei der "molecular aggregation" eine beliebige Anzahl von Objekten und ihre Beziehungen zusammengefaßt werden.

cell	c#	c type	c name	parent-c#
	I1	T1	inv	X1
	I2	T1	inv	X1
	A1	T2	and	X1
	A2	T2	and	X1
	O1	T3	or	X1
	X1	T4	xor	-

ports	c#	p#	p type	parent-c#
	I1	E	I	X1
	I1	Q	0	X1
	I2	E	I	X1
	I2	Q	0	X1
	A1	E1	I	X1
	A1	E2	I	X1
	A1	Q	0	X1
	A2	E1	I	X1
	A2	E2	I	X1
	A2	Q	0	X1
	O1	E1	I	X1
	O1	E2	I	X1
	O1	Q	0	X1
	X1	X	I	
	X1	Y	I	
	X1	Q	0	

joins	j#	start-c#	start-p#	end-c#	end-p#	parent-c#
	j1	X1	X	I1	E	X1
	j2	I1	E	A2	E1	X1
	j3	X1	Y	I2	E	X1
	j4	I2	E	A1	E2	X1
	j5	I1	Q	A1	E1	X1
	j6	X2	Q	A2	E2	X1
	j7	A1	Q	O1	E1	X1
	j8	A2	Q	O1	E2	X1
	j9	O1	Q	X1	Q	X1

Abb. 6: Relationales Schema für das molecular object "cell"

4.2. Version Generalization

Um in dem Modell ausdrücken zu können, daß zu einem "interface" verschiedene Versionen existieren, wird die "version generalization" eingeführt. Zu diesem Zweck werden die Daten des "interface" in diejenigen, die einen Objekttyp definieren (für alle Versionen gleich) und in versionsspezifische (z.B. Erzeugungsdaten einer Version) separiert. Die Versionen erben alle Attribute ihres Objekttyps. In [D.S. Batory und W. Kim 1986] wird exakt angegeben, wie im allgemeinen Fall die Abbildung dieses Konzepts auf ein Relationensystem vorzunehmen ist. Wir wollen uns hier darauf beschränken, das erweiterte ER-Diagramm für unser Beispiel anzugeben. Abb. 7 zeigt die Entity-Mengen "cell type" und "ports-type", die den Objekttyp bilden. Das ist der für alle Versionen gemeinsame Teil des "interface". Die Entity-Mengen "cell version" und "ports version" beschreiben die versionsspezifischen Daten des "interface". Da "ports version" außer dem Schlüssel "p#" keine weiteren Attribute aufweist, braucht in diesem Fall dafür keine Relation angelegt zu werden.

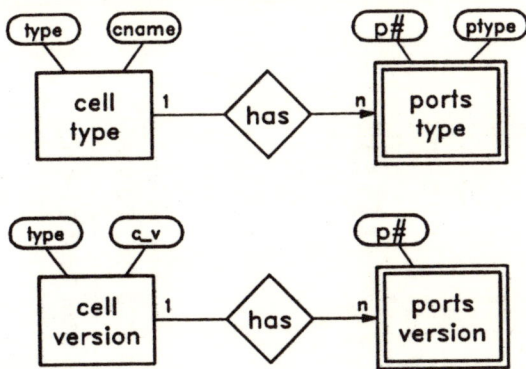

Abb. 7: Cell types und cell version interfaces

Eine Version eines Objekts besteht aus "interface" und "implementation" und ist damit ein "molecular object" in dem im vorigen Abschnitt beschriebenen Sinn.

Bei der Generalisierung nach Smith und Smith wird eine Vereinigungsmenge aus "ähnlichen" Objekten gebildet, während bei der hier beschriebenen "version generalization" verschiedene Realisierungen eines Objekttyps betrachtet werden.

4.3. Instantiation

Die Verwendung bereits definierter Zellen beim Entwurf von neuen Zellen ist eine häufig benutzte Technik beim VLSI-Entwurf. Die Bezugnahme auf eine vorhandene Zelldefinition sollte daher auch im Datenmodell der Entwurfsdatenbank möglich sein, um das andernfalls notwendige Kopieren von allen die benutzte Zelle beschreibenden Informationen zu vermeiden. In dem betrachteten Datenmodell wurde zu diesem Zweck das Konzept der "instantiation" eingeführt. Instanzen von Objekten werden durch Angabe vom Typ und Version des gewünschten Objekts gebildet. Jede Instanz bekommt eine Nummer, um sie von anderen Instanzen des gleichen Objekts unterscheiden zu können. Sie erbt alle Attribute von Objekttyp und -version, zusätzliche Attribute der Instanz (z.B. Plazierungsattribute bei geometrischen Objekten) sind aber möglich. Ohne auf die in [D.S. Batory und W. Kim 1985] angegebenen Regeln zur Darstellung des Konzepts "instantiation" durch Relationen im einzelnen einzugehen, soll unser Beispiel entsprechend den Konzepten "version generalization" und "instantiation" erweitert werden. In Abb. 8 ist das ER-Diagramm der "implementation" dargestellt.

Hier treten nur Instanzen von Objekten auf. Für die Entity-Menge "ports instance" gilt das bereits für "ports version" gesagte. In dem in Abb. 9 dargestellten Relationensystem treten für diese beiden Entity-Mengen auch keine Relationen auf. Um die vorgestellten Konzepte besser demonstrieren zu können, enthalten die Relationen in Abb. 9 auch die Tupel für die zweite Version unseres EDIF-Beispiels (Realisierung mit NAND-Gattern).

Zusammenfassend läßt sich sagen, daß durch das Konzept "instantiation" die Wiederholung von "interface"- und "implementation"-Beschreibung während durch die "version generalization" die Wiederholung von Objekttyp-Informationen vermieden wird.

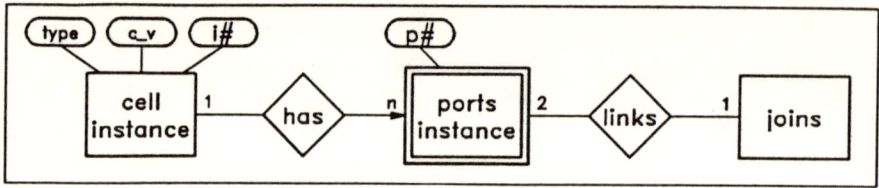

Abb. 8: Angepasstes Modell der "cell-implementation"

cell-type	(type	name)
	T1	inv
	T2	and
	T3	or
	T4	nand
	T5	xor

ports-type	(type	p#	ptype)
	T1	E	I
	T1	Q	O
	T2	E1	I
	T2	E2	I
	T2	Q	O
	T3	E1	I
	T3	E1	I
	T3	Q	O
	T4	E1	I
	T4	E2	I
	T4	Q	O
	T5	X	I
	T5	Y	I
	T5	Q	O

cell-version	(type	c-v)
	T5	V1
	T5	V2
	T1	V1
	T2	V1
	T3	V1
	T4	V1

cell-instance	(type	c-v	i#	parent_type_c_v	
	T1	V1	IN1	T5	V1
	T1	V1	IN2	T5	V2
	T1	V1	IN3	T5	V1
	T1	V1	IN4	T5	V2
	T2	V1	IN5	T5	V1
	T2	V1	IN6	T5	V1
	T3	V1	IN7	T5	V1
	T4	V1	IN8	T5	V2
	T4	V1	IN9	T5	V2
	T4	V1	IN10	T5	V2

joins j#	start type, c-v, i#			start p#	end type, c-v, i#			end p#	parent_ type_c_v	
j1	T5	V1	-	X	T1	V1	IN1	E	T5	V1
j2	T1	V1	IN1	E	T2	V1	IN5	E1	T5	V1
j3	T5	V1	-	Y	T1	V1	IN3	E	T5	V1
j4	T1	V1	IN3	E	T2	V1	IN6	E1	T5	V1
j5	T1	V1	IN1	Q	T2	V1	IN6	E2	T5	V1
j6	T1	V1	IN3	Q	T2	V1	IN5	E2	T5	V1
j7	T1	V1	IN5	Q	T3	V1	IN7	E1	T5	V1
j8	T1	V1	IN6	Q	T3	V1	IN7	E2	T5	V1
j9	T3	V1	IN7	Q	T5	V1	-	Q	T5	V1
j10	T5	V1	-	X	T1	V1	IN2	E	T5	V2
j11	T1	V1	IN2	E	T4	V1	IN8	E1	T5	V2
j12	T5	V1	-	Y	T1	V1	IN4	E	T5	V2
j13	T1	V1	IN4	E	T4	V1	IN9	E1	T5	V1
j14	T1	V1	IN2	Q	T4	V1	IN9	E2	T5	V1
j15	T1	V1	IN4	Q	T4	V1	IN8	E2	T5	V1
j16	T4	V1	IN8	Q	T4	V1	IN10	E1	T5	V1
j17	T4	V1	IN9	Q	T4	V1	IN10	E2	T5	V1
j18	T4	V1	IN10	Q	T5	V1	-	Q	T5	V1

Abb. 9: Vollständiges "cell"-Modell

5. Zusammenfassung

Mit den in den vorhergehenden Kapiteln beschriebenen Modellierungskonzepten ist keineswegs ein vollständiger Überblick über die Arbeiten auf diesem Gebiet gegeben. Einige der am meisten diskutierten Vorschläge für Erweiterungen des relationalen Modells werden auch von Codd [1979] aufgegriffen. Codd legt mit den erweiterten Möglichkeiten der Datenmodellierung auch eine entsprechend angepaßte Relationenalgebra vor. Die Semantik der Operationen ist häufig bei den vorgeschlagenen Modellierungskonzepten nicht hinreichend exakt definiert, bzw. es sind überhaupt nur sehr primitive Operationen definiert. Eine operationale Schnittstelle für die Werkzeuge, die mit dem Datenbanksystem arbeiten sollen, muß noch erarbeitet werden. Dies gilt u.a. auch für das Batory-Kim-Modell. Auf dieses Modell wurde insbesondere deshalb ausführlicher eingegangen, weil es eine Tendenz zu anwendungsspezifischen Modellierungskonzepten unterstreicht. Je mehr ''Semantik'' man in ein Datenmodell integrieren möchte, um so mehr schlagen sich spezifische Erfordernisse des Anwendungsgebietes darin nieder. Die Bedeutung von EDIF für die Entwicklung von Modellen für VLSI-Entwurfsobjekte weist zwei wesentliche Aspekte auf. Für den Entwerfer eines Datenmodells bietet EDIF eine gute Grundlage für die Art und den Umfang der zu modellierenden Objekte. Für den Anwender, z.B. einen Werkzeugentwickler, der in Zukunft sicherlich mit EDIF vertraut sein muß, ist ein auf EDIF aufbauendes Datenmodell vermutlich verhältnismäßig leicht überschaubar. Vor diesem Hintergrund scheint das Batory-Kim-Modell richtungsweisend zu sein.

Frau Christiane Hamel gilt mein besonderer Dank für die Anfertigung des druckfertigen Manuskripts.

6. Literatur

Batory, D.S., Kim, W. 1983: Modelling Concepts for VLSI CAD Objects, ACM Trans. Database Systems, Sept. 1985

Codd. E.F. 1979: Extending the Database Relational Model to Capture More Meaning, ACM Trans. Database Systems, Dezember 1979

EDIF 1985: Electronic Design Interchange Format, Version 110

Liskov, B., Zilles, S. 1974: Programming With Abstract Data Types, ACM Sigplan Notices, April 1974

Lorie, R., Plouffe, W. 1983: Complex Objects and Their Use in Design Transactions, Proc. ACM Sigmod Conf. Databases for Engineering Design, 1983

Smith, J.M., Smith, D.S.P. 1977 a: Database Abstractions: Aggregation, CACM, Juni 1977

Smith, J.M., Smith, D.S.P. 1977 b: Database Abstractions: Aggregation and Generalization, ACM Trans. Database Systems, Juni 1977

Stonebraker, M., Rubenstein, B., Guttman, A.1983: Application of Abstract Data Types and Abstract Indices to CAD Data Bases, Database Week-Engineering Design, 1983

Das Datenhaltungskonzept der CADLAB-Workstation

G. Kachel, Th. Kathoefer, B. Martin, B. Nelke
CADLAB
Kooperation Uni-GH Paderborn, Nixdorf Computer AG

Abstract

We present a concept for the storage of large amounts of design data arising at a CAD-workstation. The data are kept in an unstructured way within a commercial relational database. They are then transfered to the main memory for manipulation issues. There we structure them by a uniform application schema. The user can configure this schema according to his needs. The implementation of the database is hidden from the application tools by a multilevel procedural interface. In a later version a DML-Interface will be added.

Kurzfassung

Für die Speicherung von großen Mengen von Designdaten, die auf einer Workstation entstehen, wird ein Konzept vorgestellt. Die Daten liegen unstrukturiert in einer kommerziellen relationalen Datenbank als Datenbasis. Sie werden zur Bearbeitung in den Hauptspeicher geholt und dort nach einem einheitlichen Anwendungsschema strukturiert. Der Benutzer kann dieses Schema seinen Bedürfnissen entsprechend konfigurieren. Eine Abschirmung der Datenhaltung gegenüber den Applikationstools erfolgt durch ein mehrstufiges, prozedurales Interface. In einer späteren Version soll ein DML-Interface zum Einsatz kommen.

1. Einleitung

Eines der Hauptziele des CADLAB - einer Kooperation der Universität Gesamthochschule Paderborn und der Nixdorf Computer AG - ist es, eine homogene Entwicklungsumgebung für System- und Schaltkreisentwurf zu schaffen. Homogen bedeutet einerseits eine vom Fertigungsprozeß weitgehend unabhängige einheitliche Benutzeroberfläche für alle Stufen des Entwurfsprozesses, anderseits eine konsistente integrierte Datenbasis für die verschiedenen Teile des umfangreichen Werkzeugsatzes (siehe Abb. 1). Diese Entwicklungsumgebung soll beispielhaft auf einer integrierten CADLAB-Workstation schrittweise realisiert werden. Die Grundlage der Entwurfsumgebung wird zunächst von Nixdorf-Rechnern der TARGON-Familie, dem UNIX-Betriebsystem und dem relationalen Datenbanksystem REFLEX gebildet.

Arbeitsschwerpunkte liegen zunächst in der Bereitstellung der Benutzeroberfläche und einer integrierten Datenhaltung. Integriert heißt, daß die Tools der Workstation ihre Daten alle in einer gemeinsamen Datenbasis in einem einheitlichen Format halten. In der

Datenbasis liegen gleichermaßen langfristige (Archiv), mittelfristige (aktuelle Designs) und kurzfristige Daten (Sitzungen). Zugreifende Tools bekommen gewünschte Daten über ein prozedurales, objektorientiertes Interface in der von ihnen spezifizierten Form bereitgestellt. In einer späteren Version wird der Datenzugriff durch eine DDL/DML gewährleistet.

In diesem Papier wird auf das Datenhaltungskonzept der CADLAB-Workstation näher eingegangen. In Kapitel 2 werden die wichtigsten Anforderungen an die Datenhaltung übersichtsweise zusammengefaßt. Im Kapitel 3 stellen wir unser Basiskonzept dar. Es folgt eine Beschreibung der Implementierung (Kap. 4) und im Kapitel 5 eine Beschreibung des konzeptionellen bzw. Applikationsschemas. Kapitel 6 gibt neben einer Zusammenfassung einen Ausblick auf mögliche Weiterentwicklungen.

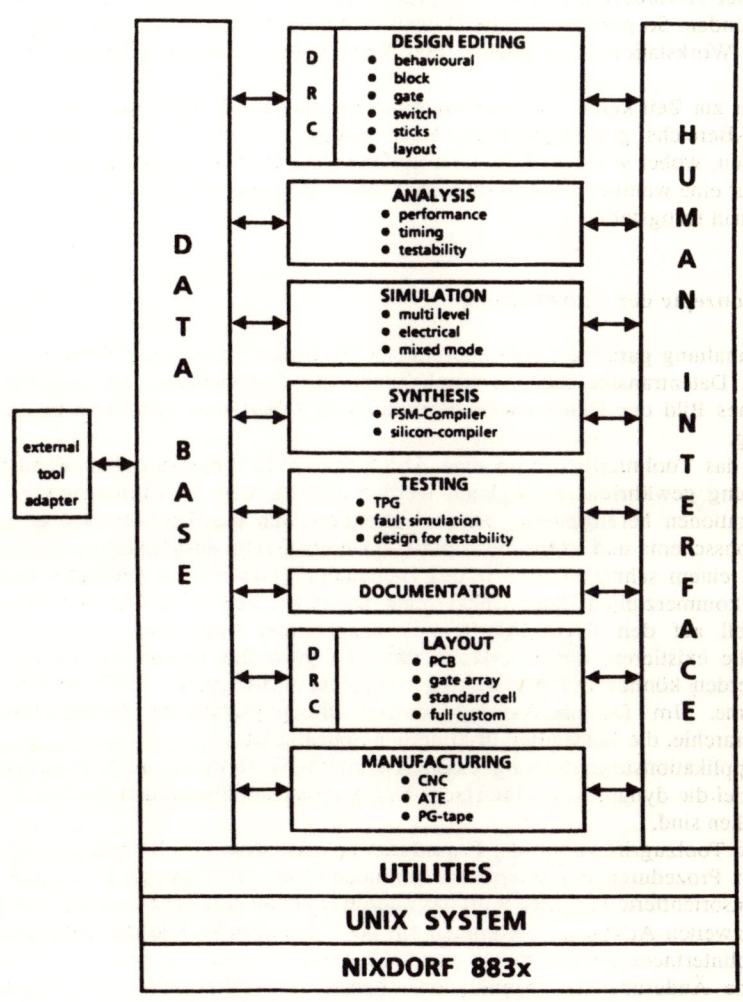

Abb. 1: Blockdiagramm der CADLAB-Workstation

2. Anforderungen an die Datenhaltung

Zusätzlich zu den allgemeinen Anforderungen, wie Datensicherheit, Datenintegrität, Redundanzfreiheit und Datenunabhängigkeit, stellen wir an unser CAD-Datenbanksystem /Ka2/ noch die folgenden Anforderungen:

- Speicherung der Daten für alle Tools der CAD-Umgebung in vereinheitlichter, integrierter Form
- Multi-user Betrieb
- problemorientierte Datenstrukturen, z.B. Verwaltung von Design-, Instantiierungs- und Versionshierarchie
- problemorientierte Systemstrukturen, z.B. ein prozedurales, objektorientiertes Interface
- Orientierung des konzeptionellen Schemas an EDIF
- Flexibilität im Anwendungsschema, d.h. die Möglichkeit, die Workstation bezüglich des konzeptionellen Schemas zu konfigurieren
- schnelle Verfügbarkeit der Designobjekte

Viele der Anforderungen sind mit grundlegenden Mechanismen für die Toolentwicklung verbunden. So gesehen, ist die Datenhaltung als Basis für die Toolentwicklungen der CADLAB-Workstation zu verstehen und sollte daher bereits kurzfristig zur Verfügung stehen.

Da aber zur Zeit keine Datenbanksysteme auf dem Markt sind, die den Anforderungen des CAD-Bereichs gerecht werden /Ka1/, haben wir uns zu einer Eigenentwicklung entschlossen, wobei wir den Weg einer stufenweisen Implementierung gehen. Das bedeutet, daß wir eine weniger komfortable, aber funktionell genauso mächtige Version in einem ersten Schritt fertigstellen.

3. Basiskonzepte der Datenhaltung

Die Datenhaltung garantiert eine einheitliche Verwaltung der von Tools erstellten Daten. Fuer den Datentransfer zu den Tools stellt die Datenhaltung am Toolinterface ein einheitliches Bild der Daten und eine einheitliche Oberfläche von Datenoperationen zur Verfügung.

Durch das Toolinterface wird eine Abschirmung der physikalischen Realisierung der Datenhaltung gewährleistet. Zugleich werden alle für den Schaltkreisentwurf wichtigen Datenoperationen bereitgestellt. Hierbei orientiert sich das Toolinterface am jeweiligen Applikationsschema und ist für eine optimale Unterstützung ausgeprägt.

Um zu einem schnellen Einsatz des Datenhaltungssystems zu gelangen, bedienen wir uns eines kommerziellen Datenbanksystems. Da es zur Zeit keine Datenbanksysteme gibt, die speziell auf den CAD/CAE-Bereich ausgerichtet sind, muß eine weitere innere Schnittstelle existieren, die es erlaubt, das jetzt gewählte System zu ersetzen. Es soll ersetzt werden können durch zukünftig mögliche, weitergehend CAD-orientierte Datenbanksysteme. Im Datenbanksystem erfolgt die physikalische Implementierung der Designhierarchie, die Bestandteil des internen Schemas ist.

Zur Applikationsunterstützung existieren alternativ statische oder dynamische Interfaces, wobei die dynamischen Interfaces eine konsistente, abwärtskompatible Erweiterung der statischen sind.

Für den Toolzugriff stehen die Prozeduren des statischen Toolinterfaces und eine Teilmenge der Prozeduren des internen Datenmodells zur Verfügung. Durch das statische, applikationsorientierte Interface wird das interne Datenmodell um Semantik erweitert.

In der zweiten Ausbaustufe kommen nur noch dynamische Toolinterfaces zum Einsatz. Diese Toolinterfaces werden durch eine DDL/DML automatisch generiert, wodurch eine dynamische Änderung des Applikationsschemas unterstützt wird. Die Ergänzung um DDL/DML stellt eine komfortable Erweiterung zur Flexibilitätssteigerung dar (Abb. 3).

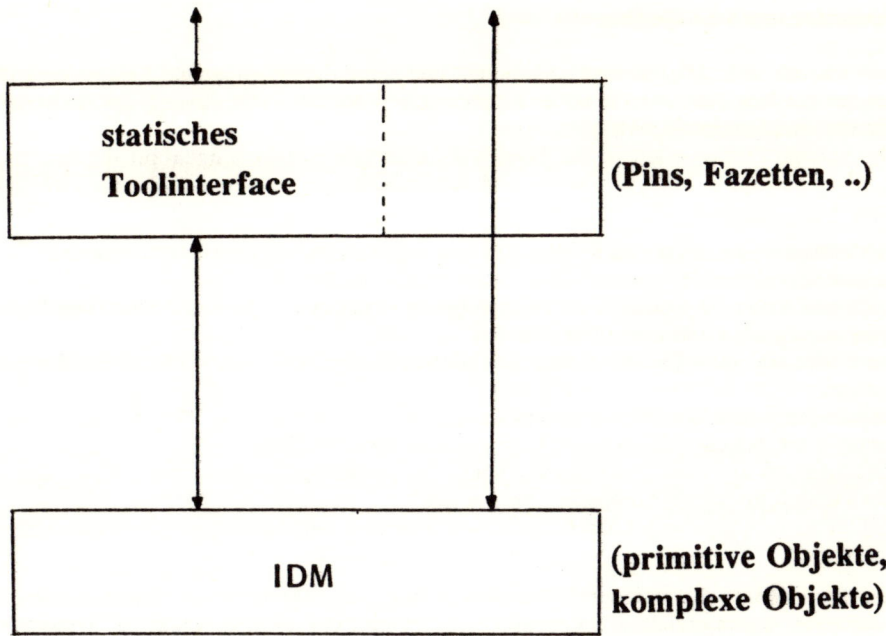

Abb. 2: Aufsatz eines statischen Toolinterfaces auf das IDM

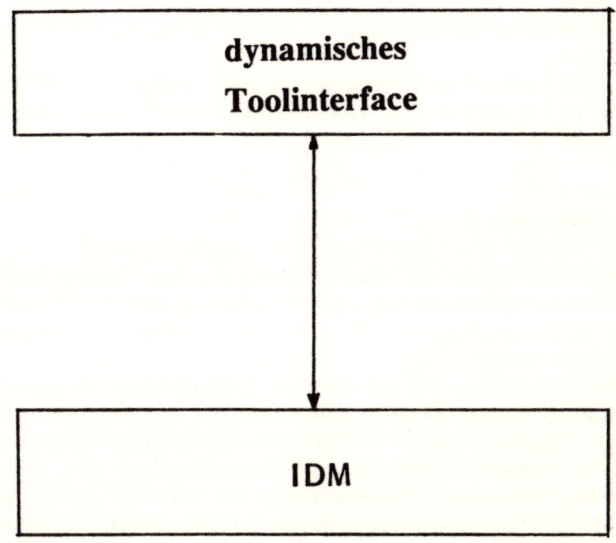

Abb. 3: Aufsatz eines dynamischen Toolinterfaces auf das IDM

Der Aspekt der Abbildungsmöglichkeiten von DDL/DML auf das interne Datenmodell des Toolinterface wird später im Kapitel 5 ("Das konzeptionelle Schema") näher erläutert. Zunächst geht es um die Darstellung der Realisierung des internen Datenmodells mittels darunterliegenden Schichten.

4. Konzepte und Realisierung

Dieses Kapitel stellt das interne Datenmodell und seine darunterliegende Realisierung dar. Bevor auf die einzelnen Punkte selbst eingegangen wird, folgt hier vorweg ein Zusammentragen der wichtigsten Aspekte.

Das interne Datenmodell ist die Schnittstelle für alle Anwendungen auf die Datenhaltung. Dazu verfügt es über eine Reihe von Basismechanismen, deren wichtigsten hier aufgelistet sind:

- Darstellbarkeit beliebiger (m:n) Objektbeziehungen durch das interne Datenmodell
- Cursorkonzept zur Navigation in den Datenstrukturen /Di2/
- es können temporär Routinen an Designobjekte/Objekttypen im Sinne abstrakter Datentypen angebunden und ausgeführt werden
- Event-Mechanismus, der bei benutzerdefinierten Ereignissen benutzerdefinierte Routinen ausführt
- Basismechanismen zur Versionsverwaltung und zur Verwaltung der Anwender bzw. Benutzer mit hohem Freiheitsgrad bzgl. der Konfigurierbarkeit
- Anschließbarkeit von Fremdtools über "Fremdsichten", d.h. mit Byte Strings unbekannten Inhalts als komplexe Objekte (s.u.)
- Abbildung von frei vergebbaren, benutzerdefinierten Objektnamen auf interne, eindeutige Namen

Der Realisierung des internen Datenmodells liegt ein mehrstufiges Konzept zu Grunde, das auf einer kommerziellen Datenbasis aufsetzt und das darüberhinaus je Workstation eine Datenbank im Haupt- und Hintergrundspeicher besitzt. Weiterhin gibt es noch Eigenschaften, die sich der Semantik des Elektronik-Designprozesses bedienen, z.B. eine vorausschauende Speicherverwaltung, die für gleichzeitiges Einlagern aller instantiierten Objekte eines Designobjektes sorgt (zur Definition von Instanzen s.u.).

Das interne Datenmodell und das darunterliegende Konzept erlauben eine zeitlich gestufte Implementierung.

Als Datenbasis steht uns die kommerzielle, relationale Datenbank REFLEX von Nixdorf zur Verfügung. REFLEX besitzt eine Precompilerschnittstelle zur Außenwelt und hat als Anfragesprache SQL.

4.1. Das interne Datenmodell

Das interne Datenmodell basiert auf einem Netzwerkansatz. Dieses Datenmodell ist am Interface zu den Tools sichtbar und wird in diesem Kapitel behandelt. In späteren Kapiteln wird der Aufbau der darunterliegenden, mehrstufigen Realisierung gezeigt, die auf einer relationalen Datenbank basiert.

Grundsätzlich unterscheiden wir im internen Datenmodell zwischen primitiven und komplexen Objekten. Primitive Objekte sind Basistypen des Designs. Primitive Objekte sind Port, Rechteck, Polygon, Kreis, Pfad, Schicht, Instanz, Eigenschaft, u.s.w.. Primitive Objekte stehen in Beziehung zueinander als Vater/Sohn-Paare. Um diese Beziehung zu modellieren, benutzen wir einen Bindemechanismus, bei dem der Sohn an den Vater gebunden wird. Hierbei ist bei uns auch immer die umgekehrte Beziehung (Binden des Vaters an den Sohn) impliziert (Abb. 4).

Damit lassen sich beliebige Graphen beziehungsweise beliebige n:m Beziehungen realisieren /Ne/. Auf diese Weise läßt sich ein komplexes Objekt aus einem Netzwerk von primitiven Objekten bilden, wobei ein primitives Objekt als "entry" ausgezeichnet ist (Abb. 5).

Wie weiter unten bzgl. der Implementierung noch zu sehen ist, sind komplexe Objekte die definitorische Basis für Bytestrings (long fields).

Die Verwendung von Musterobjekten bei Designs wird durch das primitive Objekt "Instanz" unterstützt. So ist es möglich, Zellen zu Komponenten von Zellen zu machen, um

Abb. 4: Einfache Objektbeziehungen

dadurch die Zellhierarchie auszudrücken. Wie Abb. 6 zeigt, besteht diese Beziehung aus einem Verweis von einem primitiven Objekt auf ein komplexes (inkl. Plazierungsinformation).

Die "Eigenschaft" (oder auch "Attribut") ist ein durch einen Namen gekennzeichnetes, primitives Objekt. Dieses Objekt kann an beliebige andere primitive Objekte gebunden werden, um diese zu beschreiben. Das Objekt "Eigenschaft" selbst kann verschiedene Datentypen haben (z.B. Integer, Real, String oder Bytefeld beliebiger Größe).

Es gibt die Möglichkeit, Beziehungen zwischen Objekten frei zu definieren. Dazu dienen Äquivalenzobjekte, durch die andere Objekte gruppiert und geordnet werden können. Äquivalenzobjekte können global (zwischen primitiven Objekten verschiedener komplexer Objekte) oder lokal (innerhalb eines komplexen Objekts) sein. Ebenso wie ein Eigenschaftsobjekt ist ein Äquivalenzobjekt durch einen Namen kennzeichenbar (Abb. 7).

Soweit sinnvoll, sind die Strukturmechanismen von primitiven Objekten auf komplexe Objekte zu übertragen. Diese sind das Binden, das Attributieren und die Äquivalenzbildung. Hervorzuheben ist hier noch eine Spezialform des komplexen Objekts, das ist das Delta-Objekt. Es ist in der Lage, Differenzen zwischen komplexen Objekten zu beschreiben. Es ist in das interne Datenmodell aufgenommen, um Versionsverwaltungen auf das IDM abbilden zu können, die auf sogenannter Differenzspeicherung zwischen Objekten beruhen.

Die Funktionalität des internen Datenmodells umfaßt verschiedene Klassen von Routinen /Ba, Di, Ne/. Es gibt Funktionen zum :

- Zugriff auf Objekte (Navigation, Selektion, Identifikation, Lesen)
- Manipuliation von Objekten (Erzeugen, Löschen, Schreiben, Binden, Lösen)
- Setzen von Save-Points und UNDO-Operationen
- Binden von Funktionen an Objekte im Sinne abstrakter Datentypen
- parametrisierbare Iteratorfunktionen zum Traversieren von Söhnen und Vätern, Söhnen von Söhnen u.s.w.
- event Mechanismen, die durch Operationen am internen Datenmodell generiert werden

- Zugriffskontrolle (Zugriffsschutz, Zugriffsschutzveränderungen, Benutzeridentifikation, Prozeß/Benutzer-Identifikation, dynamisches Vererben von Schreibrechten)
- Basismechanismen zur Versionskontrolle
- dynamische Attributverwaltung
- Typisierung komplexer Objekte
- Ein- und Auslagerungsoperationen zur Archivierung

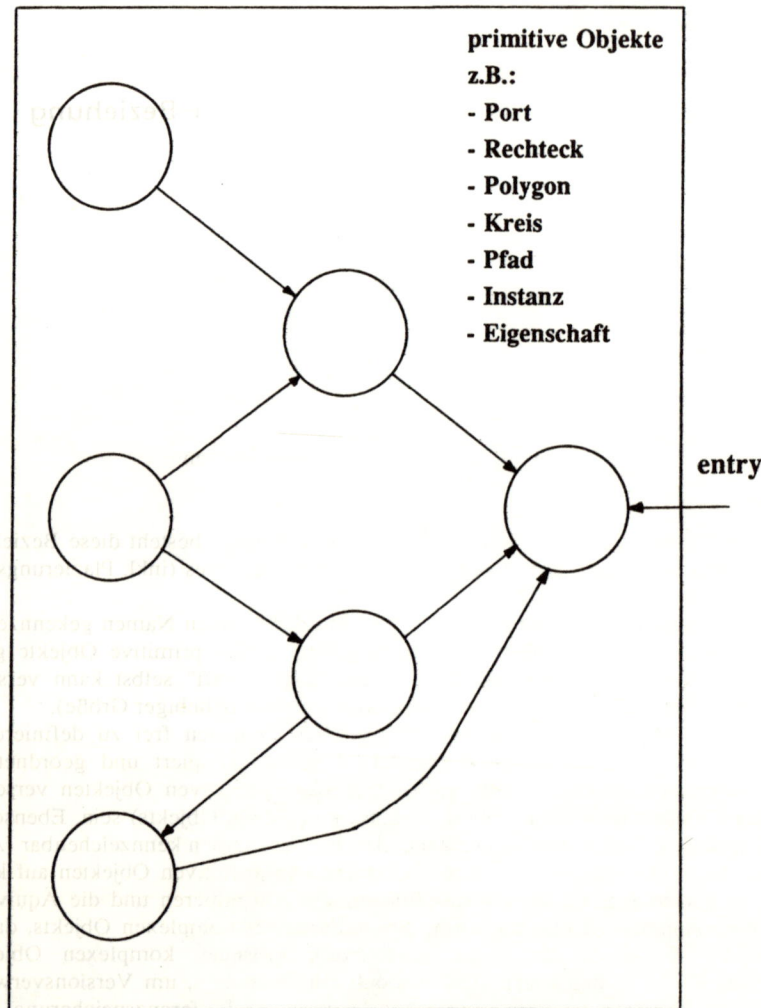

primitive Objekte
z.B.:
- Port
- Rechteck
- Polygon
- Kreis
- Pfad
- Instanz
- Eigenschaft

entry

Abb. 5: Bildung eines komplexen Objektes

Die Prüfung von Integritäten ist nicht so sehr im Datenmodell zu lokalisieren, sondern ist vielmehr in den Ebenen darüber zu bestimmen und als event Mechanismus /Ke/ nach unten weiterzureichen. Regeln, die sich schon aus dem Datenmodell zwingend ergeben, sind die Zyklenfreiheit im Graph der Hierarchie komplexer Objekte oder Einschränkungen bezüglich der Bindbarkeit primitiver und komplexer Objekte aneinander (z.B. an einen Port können nur primitive Objekte gebunden werden).

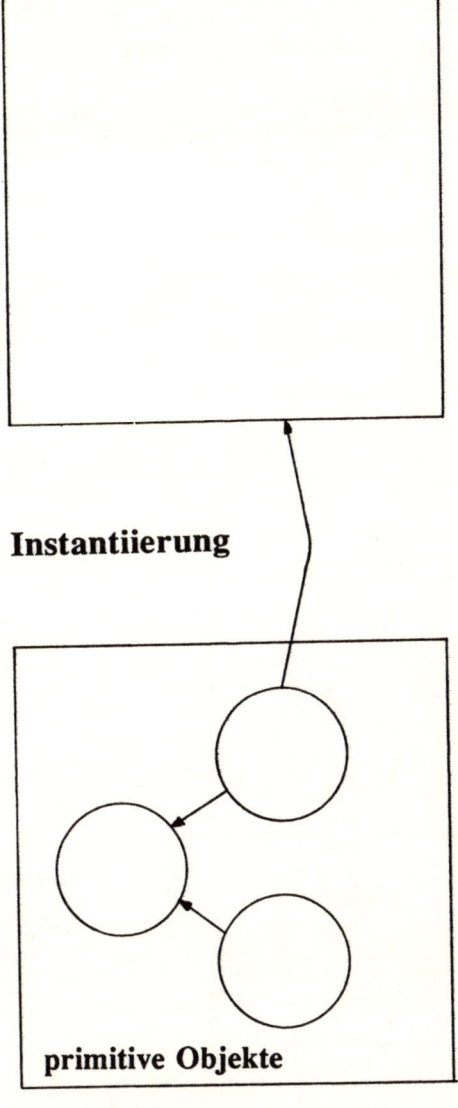

komplexes Objekt,
Musterobjekt
Musterzelle

Instantiierung

primitive Objekte

Abb. 6: Instantiierung

4.2. Stufigkeit der Realisierung

Um einerseits effizient Daten anbieten zu können, andererseits aber auch mit dem begrenzten Hauptspeicherplatz sinnvoll zu arbeiten, ist die Datenhaltung in zwei Hauptschichten implementiert.

Die Datenbasis zur Speicherung komplexer Objekte (die erste Schicht) ist die relationale Datenbank REFLEX. Komplexe Objekte im Sinne eines Applikationsschemas können z.B. komplette Zellen eines Designs sein. Die komplexen Objekte können mit sehr großen Datenmengen belegt sein. Über dieser Stufe liegt eine netzwerkartige Hauptspeicherdatenbank (der "data handler"). In ihr werden komplexe Objekte aus REFLEX eingelagert und zu ihrer internen Struktur "entpackt" (Netzwerk von primitiven Objekten).

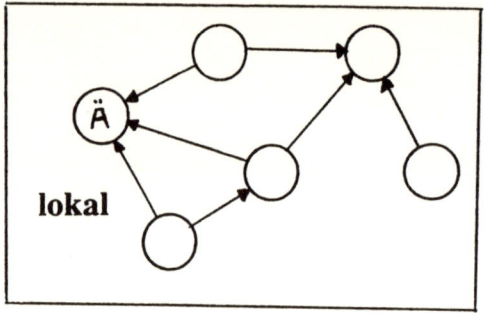

**innerhalb eines
primitiven Objekts**

Aequivalenzobjekte

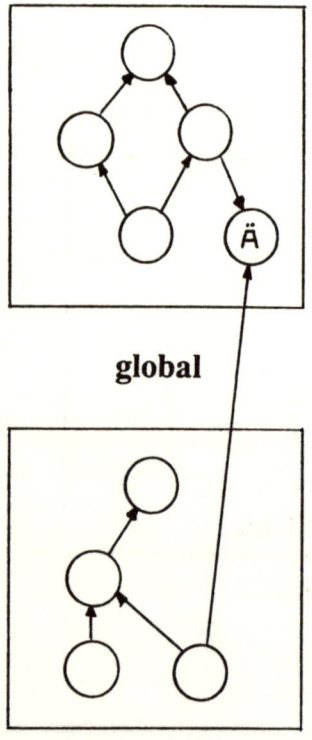

global

**ueber ein komplexes
Objekt hinaus**

Abb. 7: Lokales/globales Äquivalenzobjekt

Die relationale Datenbank bildet die Hierarchien der komplexen Objekte auf Relationen ab. Das komplexe Objekt selbst wird als nichtinterpretierter String von Bytes ("long field") gespeichert.

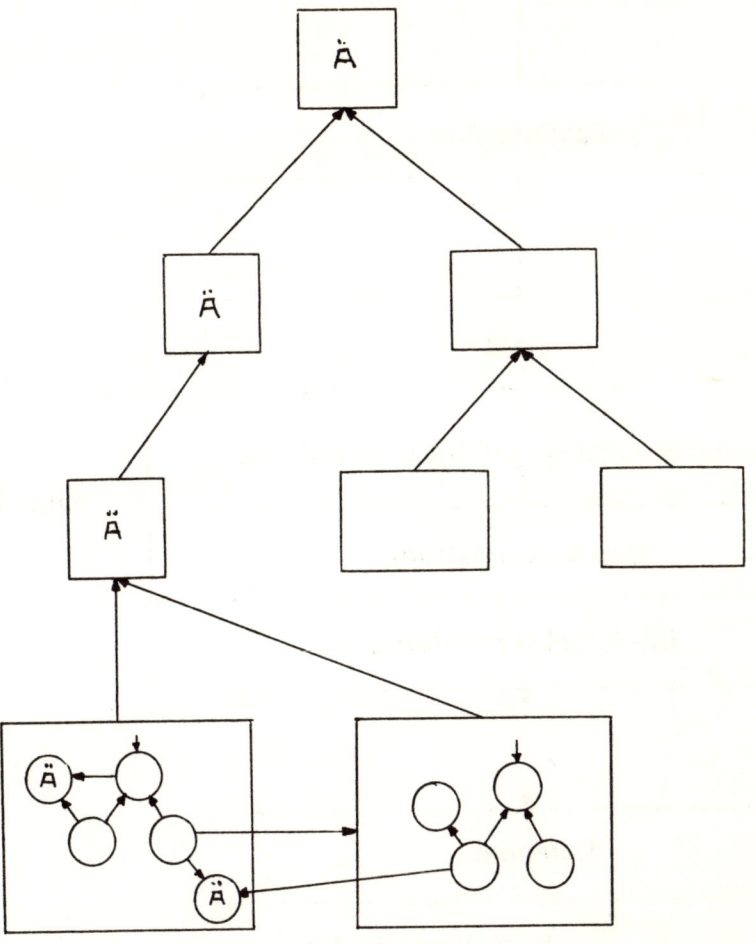

allgemeine Objektbeziehungen :

Instantiierung
globale/lokale Aequivalenzen,
Vater/Sohn-Beziehung

Abb. 8: Primitiv-/Komplexobjektbeziehungen

Der Vorteil dieser Zweistufigkeit liegt in der Reduzierung von häufigen Ein- und Auslagerungen primitiver Objekte in den Speicher auf seltenere E/A-Operationen mit großen, komplexen Objekten und gleichzeitig hoher Lokalität der zu bearbeitenden Daten (dadurch, daß komplexe Objekte immer ganz eingelagert werden, befinden sich die primitiven Objekte, die mit hoher Wahrscheinlichkeit nacheinander bearbeitet werden, mit schneller Zugriffsmöglichkeit im Hauptspeicher). Unterstützt wird diese Stufung durch das interne Datenmodell, das es erlaubt, spezielle Objekte als komplex zu kennzeichnen und durch Routinen am Interface zu den Tools, die die zweistufige Speicherung berücksichtigen.

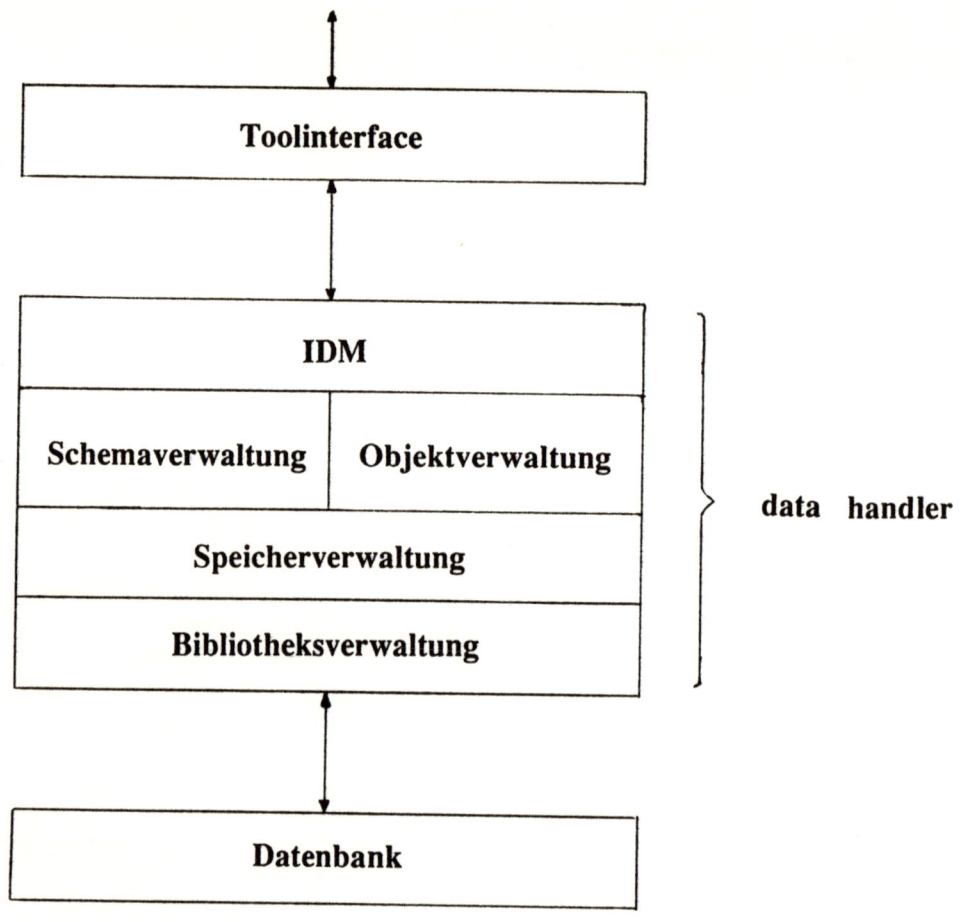

Abb. 9: Mehrstufige Implementierung

4.3. Datenbehandlung im Hauptspeicher

Wichtige Rahmenbedingungen für das Data-Handling sind die Multi-User Fähigkeit (mehrere Workstations arbeiten auf einer gemeinsamen Datenbasis), die Multi-Tasking Fähigkeit (Bsp.: Tools bearbeiten in verschiedenen Windows gleichzeitig ein Design eines Benutzers) und die freie Konfigurierbarkeit des Workstationverbunds (eine Workstation kann auch für sich allein auf einer eigenen Datenbasis arbeiten). Aus diesen Voraussetzungen ergibt sich für die Datenbehandlung der in Abb. 10 dargestellte Aufbau.

Ein Tool greift über das Toolinterface auf Daten zu. Diese Daten sind überwiegend die primitiven Objekte, aus denen ein komplexes Objekt besteht. Diese Objekte werden durch einen PODA verwaltet. Für jedes Tool (bzw. für jeden Prozeß eines Benutzers) existiert ein PODA. Die Schnittstelle des internen Datenmodells eines PODA ist prozedural aufgebaut, da die PODAs schnell und effizient im Hauptspeicher arbeiten müssen. Wenn die PODAs ein komplexes Objekt ein- oder auslagern wollen, beauftragen sie damit den CODA. Es gibt auf einer Workstation genau einen CODA, der komplexe Objekte liest oder schreibt. Die Schnittstelle des CODAs zur Datenbank ist die Bibliotheksverwaltung. Die Bibliotheksverwaltung bildet die Funktionalitäten der Datenbank REFLEX und des CODAs aufeinander ab.

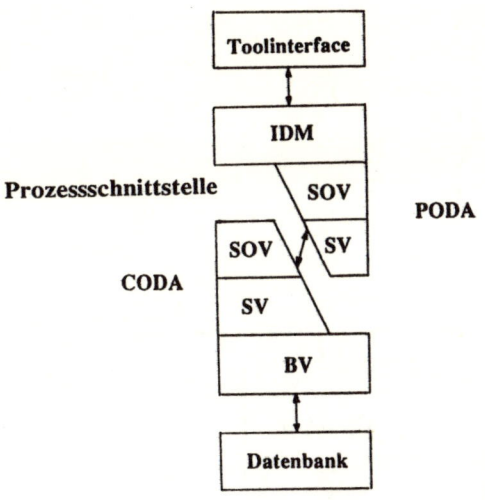

PODA: **Primitive Object Data Handler**
CODA: **Complex Object Data Handler**
IDM: **Internes Datenmodell**
SOV: **Schema- und Objektverwaltung**
SV: **Speicherverwaltung**
BV: **Bibliotheksverwaltung**

Abb. 10: Gliederung des Data Handler

Das Interface der Tools zum PODA ist prozedural. Die Verbindung von PODA zu CODA ist prozeßgetrieben. Das bedeutet zwar einen Verlust an Geschwindigkeit, erlaubt aber hier eine Synchronisation von Tools bzw. ihren PODAs mit dem CODA , die parallel auf der Workstation aktiv sind. Der Effizienzverlust wiegt nicht so schwer, weil Zugriffe auf den CODA nur so häufig sind, wie neue komplexe Objekte angefordert werden.

PODA und CODA bestehen beide aus einer Schema- und Objektverwaltung und der Speicherverwaltung. D.h., die Aufgaben dieser Verwaltungen sind ebenfalls in zwei Stufen aufgeteilt.

Die Schema- und Objektverwaltung im PODA kann Save Points setzen, führt einen Teil der Funktionen am internen Datenmodell aus und lokalisiert die Aufrufzeitpunkte des CODAs. Die Aufgaben des CODAs sind die Schema- und Objektverwaltung, die Zugriffskontrolle und der Zugriffsschutz (von komplexen Objekten), die User- und Prozeßverwaltung, die Versionskontrolle und die Ausführung eines Teils der Funktionen am internen Datenmodell. Die Schemaverwaltung verwaltet verschiedene Applikationsschemaversionen (sofern eine DDL vorhanden ist) und führt gegebenenfalls Schematransformationen durch.

Die Speicherverwaltung ersetzt den normalen Pagingalgorithmus des Betriebssystems, damit die Datenhaltung selbst bestimmen kann, welche Objekte ausgelagert werden dürfen und welche resident bleiben müssen. Im CODA erfolgt die Speicherzuordnung und -verwaltung für komplexe Objekte und die zugehörige Garbage Collection. Die Speicherverwaltung hält Teile von Designs eines oder mehrerer Benutzer auf der Workstation, um zusätzliche Transfers zwischen CODA und REFLEX zu vermeiden. In den PODAs wird der Platz für die Komponenten eines komplexen Objekts aufbereitet (für die enthaltenen primitiven Objekte) und verwaltet.

Aus der Möglichkeit, Workstations im Verbund zu betreiben, folgt, daß die Datenbank nicht mit einem CODA sondern mit so vielen CODAs, wie es Workstations gibt, kommuniziert (ABB. 11).

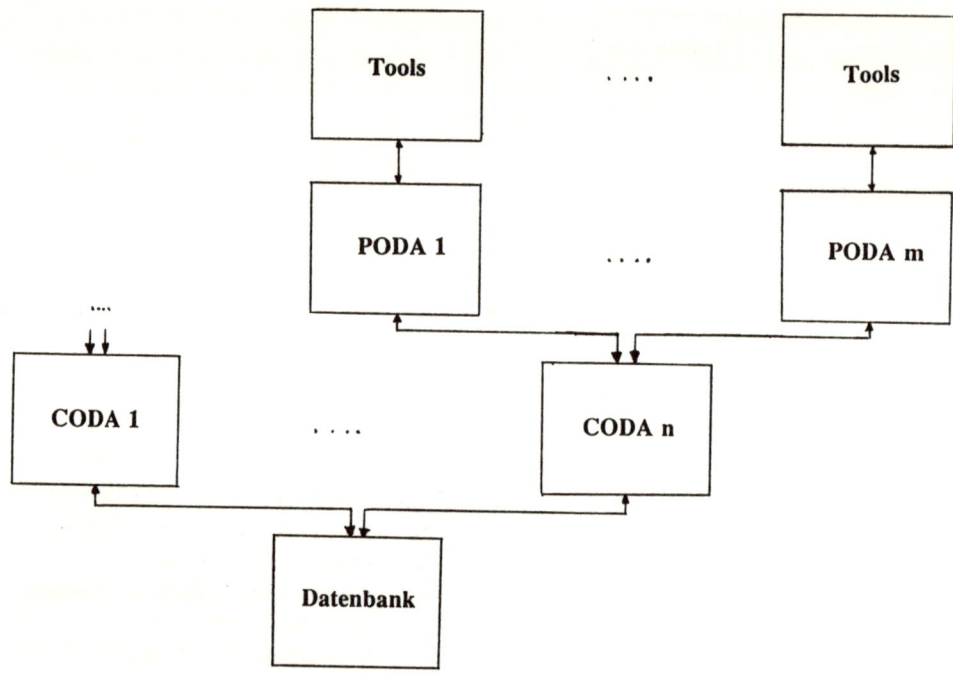

Abb. 11: Gesamtkonfiguration der Datenhaltung

4.4. Die Sicherheit der Datenhaltung

Die Datenhaltung muß den üblichen Anforderungen an die Sicherheit einer Datenbank genügen. Hierzu gehören Datenschutz, Datenintegrität, Datenkonsistenz und Redundanzfreiheit /Da/ .

4.4.1. Datenschutz

Über das interne Datenmodell ist ein Mechanismus konfigurierbar, mit dem Benutzer, hierarchische dynamische Benutzerklassen (einzelne User, User Groups, Superusers) und die Rechte von Benutzern verwaltet werden können. Der Datenschutz beinhaltet einen Passwortmechanismus.

4.4.2. Datenintegrität

Die Datenintegrität überprüft, ob gespeicherte Daten korrekt abgelegt sind und einen gültigen Wert besitzen. Es gibt einen Transaktionsmechanismus, der Objekte bei schreibendem Zugriff markiert. Für ein Objekt ist nur ein Schreiber zugelassen, aber es sind mehrere gleichzeitige Leser erlaubt.

Attribute werden daraufhin überprüft, ob sie gegebenen Regeln über ihren Wertebereich genügen.

Um ein Rollback fehlerhafter Operationen zu ermöglichen, gibt es eine "UNDO"-Operation; für den Fall des Absturzes der Maschine gibt es ein Crash-Recovery. Zur Behandlung beider Fälle wird ein Log geführt.

4.4.3. Datenkonsistenz

Verschiedene Daten heißen konsistent bezüglich eines Regelsatzes, wenn sie in diesem Regelsatz voneinander abhängig sind und ihre Werte dieser Abhängigkeit entsprechen.

Da die Datenkonsistenz von den Tools abhängt, die diese Daten bearbeiten, ist eine semantische Konsistenzüberprüfung am internen Datenmodell anzubieten. Zum einen gibt es Routinen am internen Datenmodell, die Prüfungen vornehmen können, zum anderen läßt sich ein Event-Mechanismus verwenden, der unsichtbar für den Benutzer (ein Tool) bei bestimmten Ereignissen automatisch die Konsistenz überprüft.

Da sich Designsitzungen aufgrund der komplexen und großen Datenmengen über eine lange Zeit erstrecken können, bis sie von einem konsistenten Zustand in einen anderen übergegangen sind, müssen zeitweise Inkonsistenzen erlaubt sein (sogenannte lange Transaktionen).

4.4.4. Redundanzfreiheit

Eine maximale Redundanzfreiheit wird angestrebt, um mit einem Minimum an Speicherplatz auszukommen und um möglichst leicht die Datenintegrität herstellen und überprüfen zu können.

Wir können keine vollständige Redundanzfreiheit anstreben und erreichen, weil zwischen komplexen Objekten, die in der Datenbasis unstrukturiert gespeichert sind, Redundanzen herrschen können. Diese Redundanzen bestehen dann zwischen den primitiven Objekten als Subobjekten der komplexen Objekte, die erst in der Hauptspeicherdatenbank sichtbar werden.

Die Redundanzfreiheit hängt von der Semantik oberhalb des internen Datenmodells ab und wird deshalb als Aufgabe der Applikationsbeschreibung angesehen.

4.4.5. Aufgabenverteilung

Da bereits ein Teil der Funktionalität zur Gewährleistung der Datensicherheit in REFLEX vorhanden ist, ergibt sich hier eine Aufgabenverteilung in den zwei Datenbankstufen.

Die REFLEX-Datenbasis bietet als relationale Datenbank bereits einen Transaktionsmechanismus, eine Recoveryfunktion und Integritätsprüfungen für elementare Datentypen der Datenbank.

Die darüberliegende Hauptspeicherdatenbank muß die Grundmechanismen der REFLEX-Stufe erweitern und sie benutzen. Es wird z.B. die Benutzerverwaltung (Eintrag von Benutzern, usw.) durchgeführt.

5. Das konzeptionelle Schema

In diesem Kapitel werden unsere Vorstellungen bezüglich der CADLAB-Applikation dargelegt. Dies geschieht auf der Basis von EDIF /Ed/ und einer umfangreichen Versionsbehandlung. Gegenstand dieses Kapitels ist es ferner, die prinzipiellen Abbildungsmöglichkeiten auf das IDM aufzuzeigen.

5.1. Orientierung des konzeptionellen Schemas an EDIF

In jüngster Zeit wird ein Standardformat zum Austausch beliebiger Designdaten (EDIF - Electronic Design Interchange Format) entwickelt, dessen Semantik stark genug ist, beliebige Aspekte des Schaltkreisentwurfs darzustellen. Zwar ist EDIF in vielen Teilen noch unvollständig, jedoch liegt es nahe, das konzeptionelle Schema der Datenhaltung am Datenmodell von EDIF zu orientieren, denn unser konzeptionelles Schema soll ebenfalls mächtig genug sein, alle gewünschten Sichten des Schaltkreisentwurfs darzustellen. EDIF läßt sich wie folgt charakterisieren:

1) EDIF enthält eine Gliederung der Daten in Bibliotheken, Zellen, Sichten, interne und externe Darstellungen von Sichten (bei uns Facetten), die die moderne, hierarchische Entwurfsmethodik unterstützt.

2) EDIF wird wahrscheinlich ein dauerhafter Industriestandard werden, so daß die Semantik unseres konzeptionellen Schemas mindestens genauso inhaltsreich wie EDIF sein muß, um kompatibel zu sein.

Es sei jedoch darauf hingewiesen, daß EDIF sich aus mehreren Gründen (Feinheit der Datengliederung, rekursive Strukturen) nicht direkt als internes, generisches Datenbankschema eignet, sondern nur als Anhaltspunkt für die nötigen semantischen Inhalte genommen werden kann.

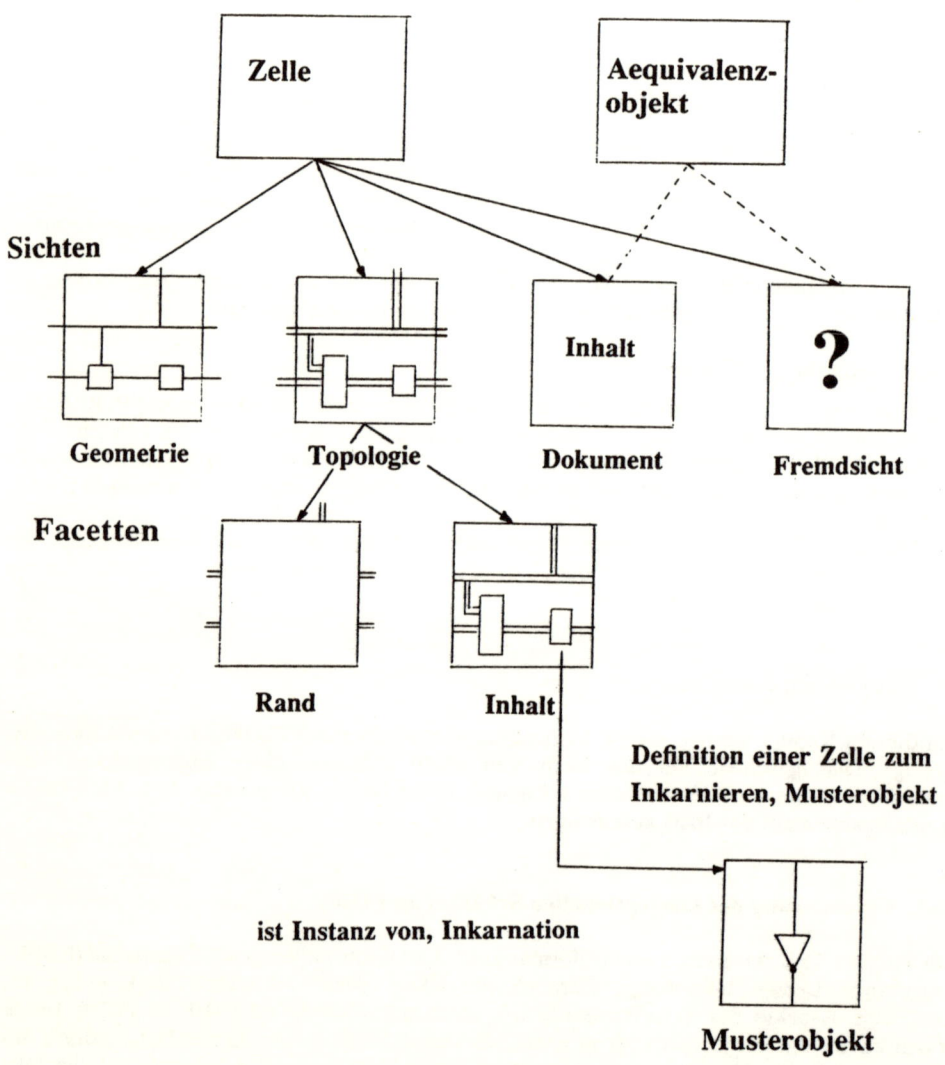

Abb. 12: EDIF-Teilschema

5.1.1. Abbildbarkeit von EDIF auf das IDM

Abbildung 12 zeigt ein Teilschema von EDIF inklusive wichtiger Basismechanismen. Anhand dieses Bildes soll die Abbildungsmöglichkeit dieses Teilausschnitts eines konzeptionellen Schemas auf unser IDM erläutert werden.

Die im Bild dargestellten Facetten sind komplexe Objekte des IDM. Sichten werden durch Äquivalenzbindungen hergestellt, wobei die Äquivalenzobjekte, die hier vom Typ Sicht sind, noch mit entsprechenden Attributen versehen werden. Die Bildung der Zellen geschieht in Analogie zu den Sichten durch Äquivalenzbindungen. Die in EDIF vorhandenen "port maps" und "view maps" sind ebenfalls durch entsprechende Äquivalenzobjekte (lokale bzw. globale) herstellbar. Die Inhalte der Facetten sind Netzwerke primitiver Objekte (hier stellt das IDM die entsprechenden Primitive zur Verfügung). Sie sind in der Lage, die sematischen Inhalte der "EDIF-Facetten" mittels der IDM-Mechanismen zu erfassen. Inkarnationen, wie sie im Bild dargestellt sind, lassen sich durch die oben beschriebenen Instanzobjekte herstellen.

5.2. Versions- und Archivhaltung

Die Versions- ebenso wie die Archivhaltung ist ein wichtiger Mechanismus der die Organisation der Arbeit an Designs erleichtert /Kt2, Kl/.

5.2.1. Versionshaltung

Wir unterscheiden mehrere Ausprägungen eines Versionsstatus. Revisionen sind nicht freigegebene Designs (Designobjekte), die kein konsistentes Stadium erreicht haben. Versionen sind freigegebene Revisionen. Die Folge der Versionen kann zu einem Baum (oder einem gerichteten azyklischen Graphen) werden, wenn eine Version in Alternativen verzweigt.

Versionen werden eindeutig (fortlaufend und automatisch) gekennzeichnet (einmal vergebene Kennzeichnungen dürfen nicht erneut benutzt werden) und über längere Zeiträume verwaltet. Geändert werden darf gleichzeitig nur ein Versionsobjekt von einem Benutzer, gelesen werden dagegen durchaus mehrere Versionsobjekte.

Um den Speicheraufwand zu minimieren, werden nicht komplette Versionen, sondern Differenzen zwischen Versionen gespeichert. Da die Zugriffswahrscheinlichkeit für neue Versionen größer ist als für alte, werden sogenannte "negative" Differenzen gebildet, d.h. das neueste Objekt ist "vollständig". Allgemeine Untersuchungen zur Redundanzminimierung finden sich in /Kt1/.

Das Toolinterface bietet auf dem IDM basierende Funktionalitäten, um die Versionshaltung zu konfigurieren bzw. zu unterstützen:

- Verwaltung von Hierarchien
- Cursorkonzept
- Erzeugen/Löschen/Bearbeiten von Versionen
- Bindemechanismen für die Versionverwaltung
- Bilden von Beziehungen über Äquivalenzobjekte

5.2.2. Beispiel für die Versionverwaltung und Abbildbarkeit auf das IDM

Abbildung 13 zeigt zwei mögliche Fensterinhalte einer Designsitzung mit den zugehörigen Ausprägungen eines Applikationsschemas. Der linke Graph repräsentiert die Zellhierarchie inklusive der zugehörigen Instantiierungen. Der rechte Graph zeigt den zum Objekt SNxxxx zugehörigen Versionsgraphen. In ihm sind die oben angesprochenen Aspekte wie Versionen, Alternativen und Revisionen ersichtlich. Hervorzuheben ist noch, daß es möglich ist, eine Version eines Objektes zu instantiieren, das momentan selbst einer Revision unterliegt (angedeutet durch das Arbeiten in window 2).

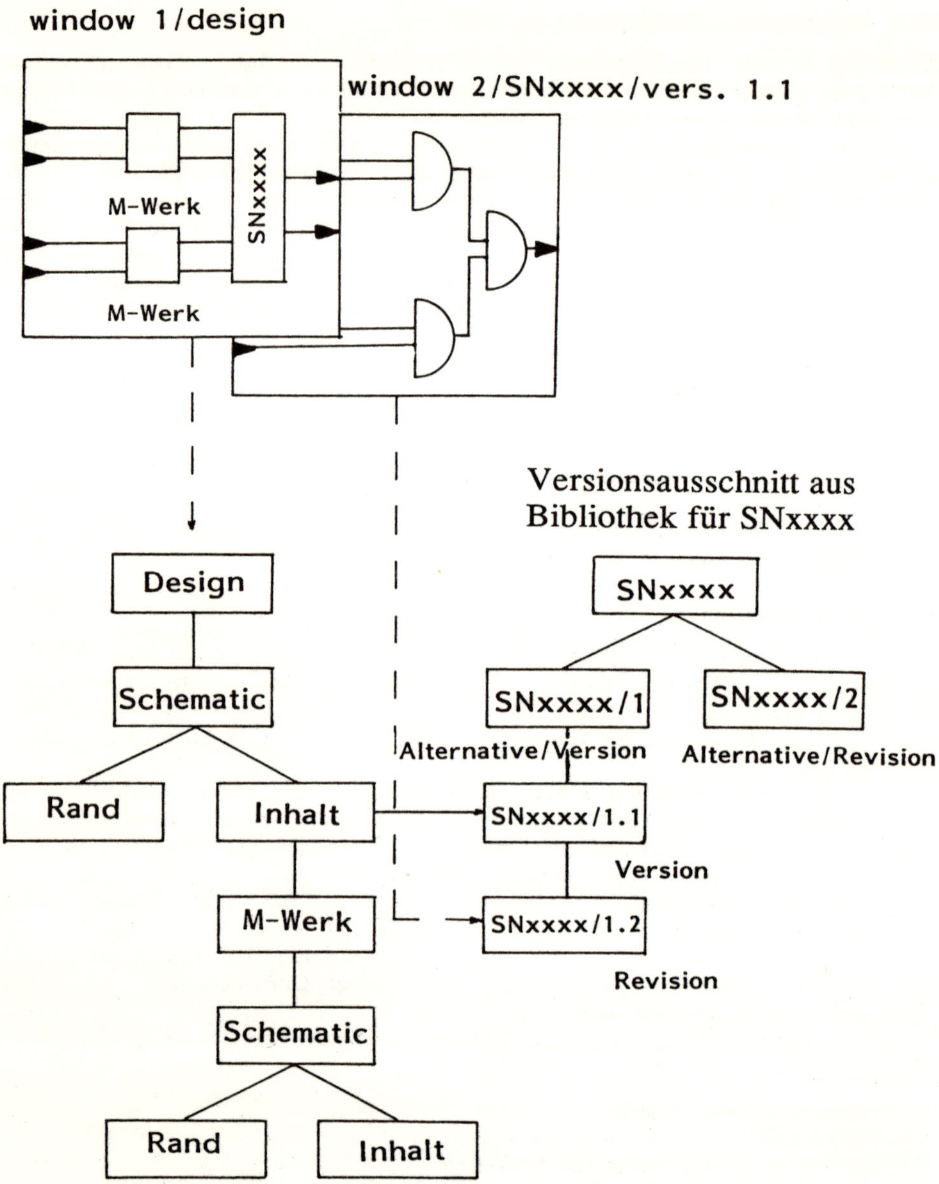

window 1/design

window 2/SNxxxx/vers. 1.1

M–Werk

SNxxxx

M–Werk

Versionsausschnitt aus
Bibliothek für SNxxxx

Design

Schematic

SNxxxx

SNxxxx/1   SNxxxx/2

Rand   Inhalt

Alternative/Version   Alternative/Revision

SNxxxx/1.1

Version

M–Werk

SNxxxx/1.2

Revision

Schematic

Rand   Inhalt

Abb. 13: Versionsgraph in der Designumgebung

Ebenso wie die Zellhierarchie läßt sich diese Versionshierarchie auf das IDM abbilden. Hierbei sind die Versionsobjekte 1.2 Delta-Objekte in Bezug auf das komplexe Objekt (Versionsobjekt) 1.1. Als Alternative ist das Versionsobjekt 2 ebenfalls ein komplexes Objekt. Durch Anwendung der Bindemechanismen des IDM läßt sich der Versionsgraph wie abgebildet aufbauen, wobei das Objekt SNxxxx selbst durch ein Äquivalenzobjekt über Objekt 1 und 2 gebildet wird.

5.2.3. Archiv

Das Archiv dient der langfristigen Datenhaltung der Anwender für Daten, die nicht mehr Online gehalten werden können. Im Archiv befinden sich fertige Designs, Designs, die an die Produktion übergeben wurden und Designs, die Bestandteile anderer Designs sind.

Nicht ins Archiv übernommen werden Designs, die nicht weiter verwendet werden sollen, das sind z.B. nicht instantiierte Versionen.

Für die Verwaltung des Archivs wird eine Kontrolle über viele Medien gebraucht (Platte,Band, ...). Für diese Medien gibt es Ein- und Auslagerungsroutinen, die durch das IDM bereitgestellt werden. Außerdem können auch Daten aus Fremdsystemen (die nicht interpretierbar sind) archiviert werden.

Die Archivierung erhält die Beziehungen zwischen Designs bzw. die hierarchischen Beziehungen zwischen Designs und Sichten.

Eine Auslagerung kann sowohl manuell als auch automatisch erfolgen. Im Fall einer automatischen Auslagerung wird nach dem erweiterten LRU-Algorithmus (last recently used) vorgegangen.

5.3. Verzahnung zwischen internem Datenmodell und den Tools

Wir planen, wie oben besprochen, eine zeitlich mehrstufige Realisierung der Datenhaltung. In der ersten Stufe wird über dem Toolinterface ein statisches Interface implementiert, später dann ein dynamisches.

Das statische Toolinterface unterstützt eine statisch feste Ausprägung des internen Datenmodells, die mit Semantik belegt ist. Damit wird Anwendertools eine angepaßte Schnittstelle geboten, die im Gegensatz zum IDM am konzeptionellen oder Applikationsschema orientiert ist.

In einem nächsten Schritt wird dieses statische Vorgehen ersetzt bzw. ergänzt durch eine DDL/DML (data description + manipulation language), die es erlaubt das Toolinterface dynamisch zu gestalten. DDL/DML bieten nach oben (für die Tools) ein anwenderspezifisches Schema und übersetzen es nach unten (zum Toolinterface der Datenhaltung) in das interne Datenmodell.

Dadurch ist auch impliziert, daß eine automatische Überführung verschiedener Versionen eines konzeptionellen Schemas untereinander möglich ist. Die Überführung wird notwendig, wenn Tools, die auf unterschiedlichen Schemaversionen beruhen, gleiche Daten benutzen. Ein Tool verarbeitet die Daten so, wie es in seiner Schemaversion beschrieben ist, danach werden sie auf das interne Datenmodell abgebildet und dann ggf. für weitere Tools mit anderen Schemaversionen bei einem Datenzugriff in die für das Tool definierte Schemaversion transformiert.

Allgemein soll das Arbeiten mit der DDL/DML für das Tool die Wirkung haben, wie das Arbeiten mit einem "maßgeschneiderten" PODA mit hoher Zugriffseffizienz (primitiv object data handler, siehe oben). Dazu müssen toolexklusiv Teile der Implementierung des Toolinterfaces und der darunterliegenden Schichten gemäß dem Anwendungsschema generiert werden (Abb. 14).

Die von uns noch zu erarbeitende DDL/DML soll auf dem Entity-Relationship Modell basieren.

6. Schlußbemerkungen

In den vorangegangenen Seiten haben wir aufgezeigt, welche Vorstellungen wir bzgl. eines Applikationsschemas haben und wie Applikationsschemata auf das Toolinterface oder das IDM abgebildet werden. Das interne Datenmodell, welches zunächst die allgemeine Datenhaltungsschnittstelle repräsentiert, und die darunterliegende Implementierung mit seinen wesentlichen Features wurde ebenfalls dargestellt.

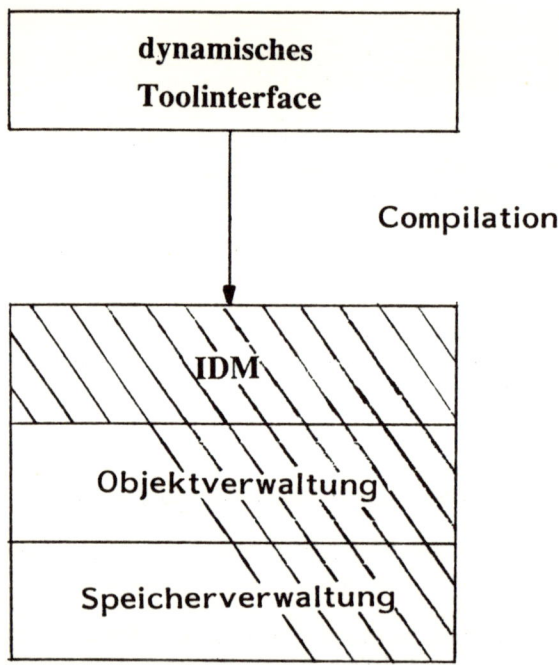

Abb. 14: Generierung von Teilkomponenten der Datenhaltung

Wir glauben, mit diesem Lösungsansatz die bekannten Nachteile des Einsatzes einer relationalen Datenbank im CAD-Bereich wettgemacht zu haben. Ferner meinen wir, daß durch die Abgrenzung der Datenhaltung mittels des IDM eine einfache und einheitliche aber auch im höchsten Maße flexible Schnittstelle geschaffen wurde, so daß insgesamt gesehen hier dem Toolentwickler genügend Freiheiten gegeben sind. Sie erlaubt zum einen, eine Vielzahl unterschiedlicher Applikationsschemata zu bearbeiten und bietet zum anderen die Möglichkeit, höher angesiedelte Modell- oder Sprachebenen hierauf abzubilden.

Die Ergänzung unseres IDM durch den Aufsatz einer höheren Sprachebene wird dann auch nach der Fertigstellung unseres Prototyps einer unserer nächsten Entwicklungsschritte sein. Hierbei gehen unsere Vorstellungen dahin, eine auf dem Entity-Relationship Modell basierende DDL zu entwerfen, die eine eindeutige Beschreibung von Applikationsschemata erlaubt. Die DDL soll ferner sprachlich so leistungsfähig sein, daß die Beschreibung von Applikationsschemaveränderungen möglich ist und diese mittels der IDM-Implementierung verwalten werden können.

Bei der DDL/DML-Realisierung gehen wir davon aus, daß es uns gelingt, Teile der zunächst allgemein gehaltenen IDM-Realisierung tool- und applikationsspezifisch zu generieren. Dies bedingt eine DML, die dann für den Anwender, unabhängig von der darunterliegenden Implementierung, Objektmanipulationen bzw. -zugriffe gemäß dem Applikationsschema gestattet.

Aufgrund des Ziels, eine zeitlich schnelle Realisierung zu erreichen, benutzen wir zunächst eine herkömmliche relationale Datenbank als Datenbasis. Trotz der Möglichkeit Long-Fields zu bearbeiten, bleibt die Datenbank zunächst Schwachpunkt unseres Implementierungsansatzes. Wir hoffen für die Zukunft, daß es für den CAD-Einsatz geeignetere Datenbanksysteme gibt, z.B. relationale Datenbanken in NF2 (non-first-normal-form). Mit ihrem Einsatz wären wir in der Lage, unsere Implementierung unterhalb des IDM's problemspezifischer lösen zu können.

Acknowledgement

Wir danken Prof. Dr. Kastens für wertvolle Diskussionen und Hinweise bei der Erstellung dieses Papiers.

Literatur

Ba: Barabino G.P., et. al.: A Module for Improving Data Access and Management in an Integrated CAD Framework; IEEE 22nd Design Automation Conference, 1985

Da: Date C.J.: An Introduction to Database Systems Vol II; Addison-Wesley, Reading, Massachusets, July 1984

Di1: Dittrich K.D. and Lorie R.A.: Version Support for Engineering Database Systems; IBM Research Laboratory, San Jose, California 95193, July 1985

Di2: Dittrich K.D., Kotz A.M. und Mülle J.A.: Beschreibung des internen Objekt-Datenmodells im Datenhaltungssytem DAMASCUS; vorläufige Version, September 1985

Ed: EDIF Steering Committee: EDIF Electronic Design Interchange Format, Version 100; 1985

Ka1: Kachel G., Kathoefer Th. und Vogelgesang P.: Datenhaltung für eine integrierte CAD-Workstation - Konzepte, Anforderungen, Aufwände; CADLAB - Interner Bericht der Arbeitsgruppe Datenhaltung, März 1986

Ka2: Kachel G., Kathoefer Th., Martin B. und Nelke B.: User Requirement Specification for a CAD-Database; CADLAB - Interner Bericht der Arbeitsgruppe Datenhaltung, Juli 1986

Kt1: Katz R.H. and Lehmann T.J.: Datbase Support for Versions and Alternatives of Large Design Files; IEEE Transactions of Software Engineering 10, March 1984, pp 191-200

Kt2: Katz R.H., et. al.: Version Modeling Concepts for Computer Aided Design Databases; University of California Berkeley, November 1985

Ke: Keller K.H.: An Electronic Circuit CAD-Framework; University of California Berkeley, July 1984

Kl: P. Klahold, G. Schlageter, W. Wilkes: Informatik Bericht Nr. 58; Fernuniversität Hagen, März 1986

Ne: Newton A.R.: The General Structure of OCT; University of California Berkeley, February 1986

Database Support for VLSI Design:
The DAMASCUS System

Klaus R. Dittrich, Angelika M. Kotz, Jutta A. Mülle
Forschungszentrum Informatik an der Universität Karlsruhe

Abstract

The design of electronic circuits, especially of VLSI components, heavily relies on extensive computer support. CAD tools for this purpose encorporate high algorithmical power. However, they lack integration and reliable common data interfaces. Recent research efforts have shown that a central database is an indispensable basis for any CAD system.

As existing database management systems (DBMS) do not prove suitable for the CAD/CAM area, specially tailored systems have to be developed. The DAMASCUS system presented in this paper is an approach to DBMS support for VLSI design. We discuss its central concepts, including a multilevel architecture, consistency control, and transaction management. Special emphasis is placed upon its data modelling facilities.

1. Introduction

In order to be economically and intellectually feasible, the design of electronic circuits, especially VLSI components, requires extensive computer support. In fact, a variety of tools and systems for various design phases have been developed that improve the quality and efficiency of the design process by incorporating high algorithmic power. Though the development of tools will remain a central point of research, another aspect has recently emerged, namely the demand for the integration of tools by a common data management and by standardized interfaces. Up to now most CAD tools work isolated from each other, with every tool using or generating its individual files and requiring special data formats. Transformation programs have to be used to enable communication between the tools.

Apart from data redundancy with all its drawbacks, the file system approach lacks a lot of capabilities that are today common for data management in business and administration types of applications. While these facilities are very desirable for the CAD/CAM environment, too, existing database management systems (DBMS) are rather inadequate for this area.

This paper points out the special data management requirements of CAD for VLSI. Afterwards we explain the shortcomings of commercially available systems with respect to these requirements. The principal solutions to overcome these shortcomings will be presented. We argue that the only long-term solution is the development of new, specialized database management components for design systems.

The DAMASCUS system, a prototype of which is currently developed at FZI Karlsruhe, is presented as an approach to a DBMS specifically tailored for VLSI design. The central concepts including the system architecture and the data modelling facilities are presented. Furthermore solutions for consistency checking, transaction management as well as some performance issues are sketched.

2. Advantages of DBMS support for CAD systems

The main advantage offered by a DBMS in comparison to the file system approach is the integration of data and tools [Dat86]. In most of today's CAD systems each tool reads and writes its data using separate files and individual formats (fig. 1). Transformation programs are required to mediate between the different tools. When existing tools are changed or new ones are created, the set of transformation programs has to be modified or extended. Furthermore, the separate storage of data for each tool introduces redundancy and the problem of inconsistencies between the different copies. The integrated management of all data together with a unified interface (fig. 2) is therefore clearly desirable.

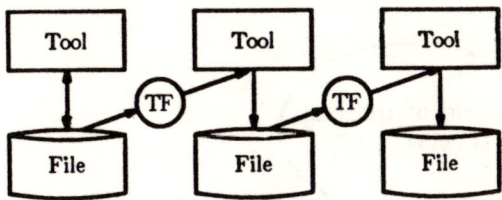

Fig. 1: Data management in CAD systems (today)

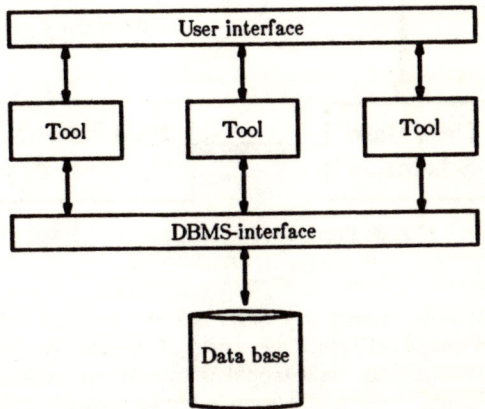

Fig. 2: Data management in CAD systems (future)

Apart from the integration aspect, the database approach offers a number of properties that are useful for CAD data management:

- **Homogeneous standardized interface:** All users and application programs are provided with a stable common data interface. Thus tool construction becomes easier and more comfortable. Even if a program still requires its individual format, the DBMS *view mechanism* supports the necessary adaptation.
- **Data independence:** Database systems offer independence on the physical as well as the logical level. Physically an application may ignore the storage structures and storage media actually used. If for example the storage structures are changed to improve access performance, the application programs need not be modified. On the other hand, information about the logical structure of the data is kept in the DBMS, while each application program may use its individual view of the data. Thus structures for new purposes may be added without modifying any of the old applications.

- **Data modelling concepts:** When designing an application, the concepts of a certain area of interest (the so-called 'miniworld'), have to be mapped to data structures and operators supported by the DBMS *database design*. Fig. 3 shows this process of abstraction. The mapping is of course strongly influenced by the data model of the DBMS which comprises a set of structuring capabilities, generic operations and implicit consistency Constraints. The result of the database design process is a *database schema* serving as the structural sceleton for the actual database to be maintained and the operations on it. The concept of data model enables the user express the application semantics in his own terms, not in terms of blocks and bytes. Thus, in contrast to file systems, the design process becomes much more user-friendly and - by means of the database schema - the result is self-documenting.

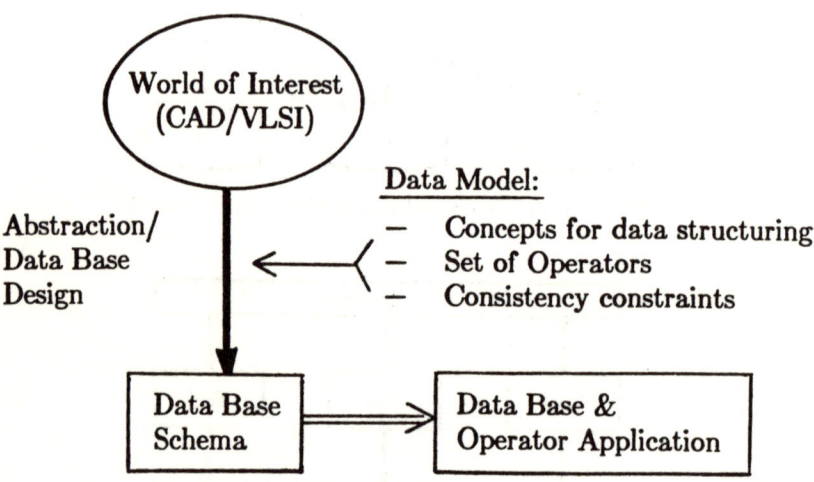

Fig. 3: Process of abstraction in DBMS

- **Consistency control:** Data consistency describes the fact that the database represents a complete and correct image reflecting the world of interest. As the framework for structural consistency defined by the data model is usually not sufficient DBMSs allow the specification of additional explicit consistency constraints which are checked automatically.
- **Multiuser operation:** A central database is accessed in parallel by several users. DBMSs support multiuser synchronization such that each user can view the data as if he were accessing it exclusively.
- **Data security:** As a central database represents a valuable resource, it has to be secured against loss or damage. Database management systems offer mechanisms to insure the integrity of data in case of hardware, software or operating errors.
- **Access control:** A database may contain sensitive data that has to be hidden from unauthorized users. Therefore the DBMS performs access control in order to insure the privacy of data. A user's view of the database may be restricted to a subset of data or to certain operations only.

These general advantages of DBMS apply to all applications, traditional ones in the business and administration area as well as technical applications like CAD/CAM. The following chapter shows, however, that the detailed requirements of CAD/CAM applications for the various DBMS features are rather different and thus cannot be covered by existing (commercial) DBMS.

3. Database requirements of CAD/CAM versus existing DBMS technology

3.1. Characteristic requirements of CAD/CAM

From a DBMS point of view, engineering environments like CAD/CAM pose a number of specific requirements [Lock85]. We discuss some of the most important ones in this chapter.

Data modelling

The data structures typically needed for CAD/CAM applications are by far more elaborate than in classical DBMS applications. First, there are **objects of complex structure**, often built out of simpler objects in a hierarchical or netlike manner. This reflects the typical design methodology of decomposing higher-level objects into a set of component objects and of using already existing parts in building new complexer ones.

Second, there are **numerous relationships** between objects of any complexity. Equivalences between objects that represent different aspects of the same miniworld entity, interface-implementation relationships and so on, are typical examples.

Besides their complex inner structure, objects may possess a number of **complex properties**. Set or list structures, matrices or special geometric types are often appropriate to model the relevant semantics. On the other hand, **long data fields** with highly efficient, file-like access operations are required as a repository for large data volumes whose structure remains unknown to the DBMS (think of test data or manufacturing data for instance). Still the DBMS has to guarantee correct synchronization, data security etc. on these fields.

In addition to the data representing the results of the various design steps themselves, **design management information** has to be maintained [Kat83]. Fig. 4 shows a typical (though not the only possible) global view of a comprehensive design object.

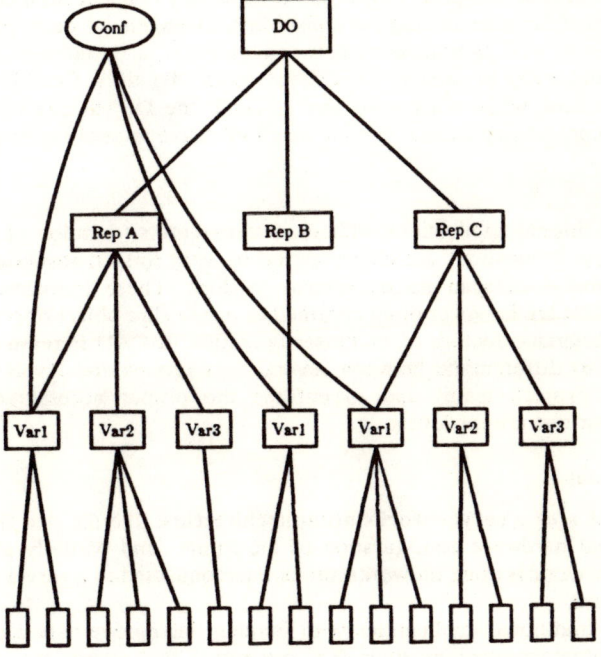

Fig. 4: Design object structure (global view)

For each design object exploiting this structure, there are a number of representations, i.e. various forms of describing the object at different levels of detail, different methods of description, or emphasizing different aspects. Most representations are the input or output to certain steps in the design process. In chip design, architectural, logical,or layout descriptions are common representations.

Each representation comprises a number of variants, i.e. alternative design approaches. On the lowest level, every variant shows a design history consisting of a linear sequence of design states. Due to the multitude of variants and states, configurations have to be selected for further using a design object in comprehensive objects or to prepare it for manifacture. Thus the DBMS has to provide modelling capabilities for superimposed structures, including mechanisms for version and configuration management.

Up to now, only the static structure of design objects has been considered. However, modelling concepts for dynamic behaviour of design are equally needed. VLSI design is guided by special design procedures that the engineers have to follow more or less tightly. They help to arrive at a consistent design in a controlled manner by stating the order of design steps and conditions for tools to be applied. As the central integrating component of a CAD system, the DBMS should support the **definition and enforcement of design procedures**.

Archiving/libraries

For reasons of documentation, partial reuse, redesign in case of error etc., large quantities of design data have to be stored for very long periods of time. This task is best fulfilled if the archiving capability is part of the central DBMS. A special kind of long-term data typical for the design environment are libraries containing information on standard components, prefabricated parts, technology etc. for use by various designers and projects.

Consistency control

Engineering applications comprise **numerous consistency rules of high complexity**. They result from physical laws, technological constraints, management decisions etc. and apply to database states as well as transitions between states. A large number of constraints are embodied algorithmically in existing verification tools. To allow flexible check times and a variety of reactions when constraints are violated, the DBMS can only provide basic mechanisms for consistency control that the user/tools have to apply appropriately.

Multiuser operation

In contrast to traditional applications with short transactions (duration of some seconds at most), engineering applications are characterized by very **long transactions** that may last hours or days and even span across several sessions. These transactions access large volumes of data that are however often confined to one design object or selected parts of it.

Another characteristic feature of multiuser operation in CAD is **team work**. Mechanisms are needed to differentiate between several user groups and levels of isolation (for instance public, project, team) and to enforce the proper access/transfer of objects within/between various groups/levels.

System environment

In the CAD/CAM area a **server/workstation architecture** like the one sketched in Fig. 5 will be the typical hardware configuration of the future (and partially already is today). The actual design work is done on workstations interconnected to a server which maintains the central database.

In contrast to traditional applications with frequent interactive data access, CAD/CAM applications are characterized by tools (i.e. programs) that access the database. Consequently the **programming interface** of the DBMS is by far of greater importance than the interactive interface.

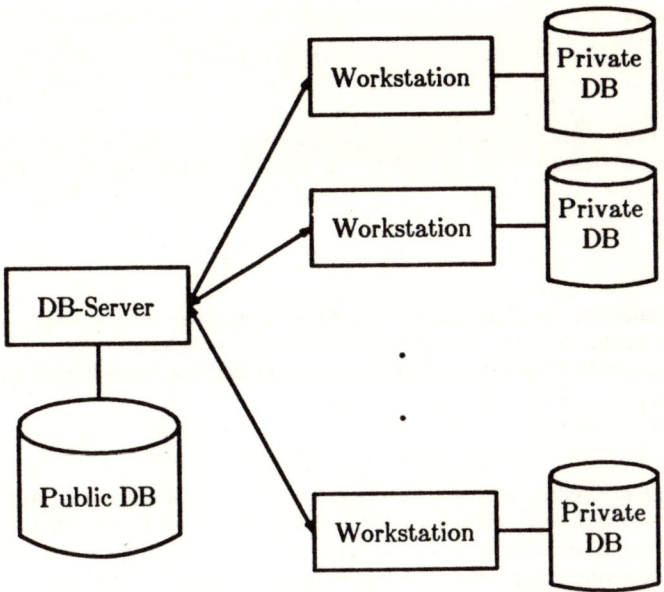

Fig. 5: System configuration in the design environment

Performance

In spite of the eminent advantages discussed so far, a DBMS will not be acceptable for use in a CAD/CAM system if it does not offer **adequate performance**. Graphic interfaces and tools accessing large amounts of data have to be supported without causing intolerable delays at the user's terminal. At best, slightly longer times are tolerable for updates. Among others, **efficient storage structures and access mechanisms** must be used in the DBMS in order to achieve the required performance.

3.2. Shortcomings of existing DBMS

Experiences reported in the literature ([Lor82], [Sid80]) have shown that today's commercially available database systems do not meet most of the requirements listed above. The main reasons for these shortcomings are as follows:

Data modelling

Existing systems offer one of the three traditional data models - relational, network, hierarchical model - or some derivative thereof and are thus well suited for simple, 'flat' data structures with a small number of attributes per entity. Attribute domains are simple numerical or text types. Objects of complex structure with complex attributes are not supported. The DBMS leaves the construction and management of such objects totally to the application program, thus lacking user comfort, implicit consistency, and above all efficiency.

Archiving/libraries

The concepts of object archiving and libraries are unknown to classical DBMS, they thus have to be provided outside the database system or hidden in application programs.

Consistency control

As far as today's DBMS offer mechanisms for explicit consistency control - many of them do not at all! - it is accomplished in a rather fixed manner. The only way to define consistency constraints is by logical predicates, procedural definition and integration of existing control algorithms are not provided for. All constraints have to be met at the end of each DB-transaction which does not allow for user-defined check times, discrimination between local and global constraints, and so on. If an inconsistency is detected, the whole transaction will be backed out, which is not tolerable in case of long transactions.

Multiuser operation

The classical transaction management is geared to short transactions only. These transactions are used as the units of consistency, recovery, and synchronization . At least the first two of these issues need to be reconsidered in an engineering environment. Mechanisms to support team work are also not provided for.

Performance

The storage structures and access mechanisms offered by database systems so far are suited to simple structures with few interrelationships. They are tailored to a database with many data records belonging to a relatively small number of different types. On the other hand, CAD/CAM applications are characterized by a great number of different types, each of which has rather few instances. Furthermore, in existing DBMS the user has to do extensive navigation to collect all the information describing one complex object.

3.3. Principal solutions to DBMS support for CAD/CAM

As has been pointed out, DBMS support exhibits a number of advantages for CAD/CAM applications, though present solutions are far from satisfactory. There are at least four principle ways to overcome this situation:

I **Restricted DBMS support:** A solution chosen in some existing CAD systems is to keep the proper design data on files as before and to store only some structural design management information in a (common) DBMS. This approach, however, is only a first step towards comprehensive DBMS support as all major advantages are not available for the engineering data themselves.

II **Database design:** A conventional DBMS is used to store all CAD data. The complex mapping of the CAD semantics is completely left to the user (database design) and is thus hidden in programs and their documentation. With this approach, all the shortcomings of conventional DBMS are retained.

III **DBMS extension:** This approach tries to overcome at least the data model shortcomings by extending a conventional DBMS or putting an additional layer on top, the interface is augmented to comprise application specific modelling concepts. These concepts are automatically mapped onto relations, sets etc. There is, however, no way to adapt the system performance to the new 'on top' concepts, and all the other drawbacks regarding transaction management, consistency control and the like remain or need special treatment.

IV **New DBMS:** A completely new DBMS is developed providing all necessary features. This solution is the only one that can offer an application-specific interface combined with efficient storage structures and adequate capabilities for synchronization etc.

While solution I is at least suitable as an intermediate approach until better support is available, II clearly is a 'non-solution'. Though III seems to be rather attractive, it incorporates surprisingly high system development effort (if all issues are considered) and still does not render the desired efficiency. It is however a good rapid prototype solution to try out novel data models. In the long run, only the development of specific design database systems can provide the necessary functionality and performance. A number of research projects are currently underway to investigate various class IV approaches. In the rest of this paper, we describe the main concepts of the DAMASCUS system which aims at supporting data management in VLSI design.

4. The DAMASCUS system architecture

The DAMASCUS database system shows a multilevel architecture, comprising several layers of abstraction [DKM85a] (fig. 6). It is built on top of the UNIX operating system, though the architecture does by no means hinder portability. An arbitrary number of CAD tools as well as an interactive access component run on top of the system.

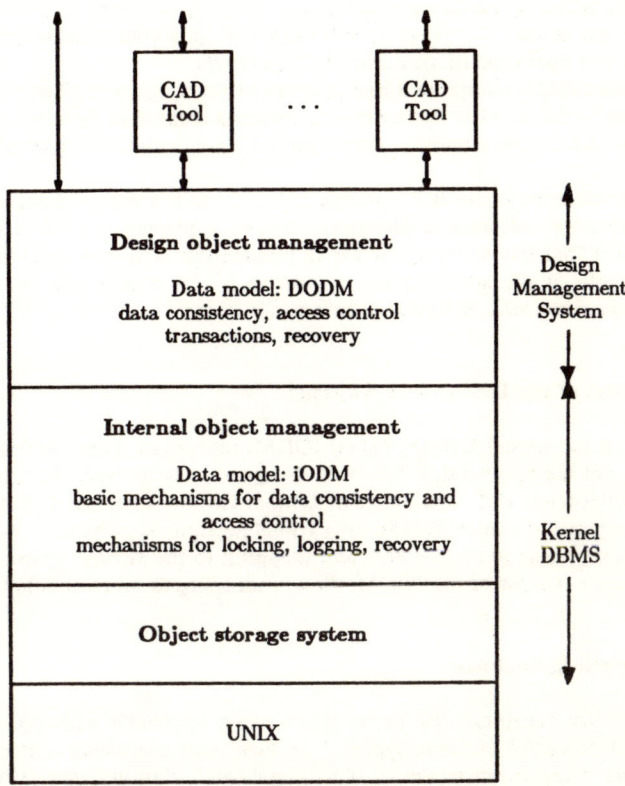

Fig. 6: DAMASCUS system architecture

The two main parts are the **design management system (DMS)** and the **kernel database management system (KDBMS)**.

Design management system

The design object management is the application specific part of the database system. In our case it is tailored to the requirements of VLSI design. It provides the **design object data model (DODM)** that reflects the application semantics in its structures and operators. For example, operations on representations, versions and configurations are located here.

Besides these data modelling facilities, mechanisms for consistency control, transaction management etc. are realized in the DMS on a high, design object-oriented level.

Kernel DBMS

The kernel DBMS comprises facilities that are supposed to be common to all design applications (VLSI design, CAD of mechanical parts, software engineering, ...) and even a wide range of other non-standard applications (picture processing, geographical databases, ...). For this purpose, the kernel DBMS has been designed to be general and powerful enough to allow for a number of DMS to be built on top of it, in order to support the different applications.

The KDBMS in turn consists of two layers, the **internal object management system (IOMS)** and the **object storage system (OSS)**.

The IOMS offers an object-oriented, yet relatively application-independent data model, the **internal object data model (IODM)**. Furthermore, it provides basic mechanisms for all salient DBMS services including logging and locking facilities, basic features for consistency control and so on. Together they form a very powerful fundament that facilitates the construction and operation of specialized DMS levels.

The OSS is the DBMS-component that realizes efficient storage of objects and supports high speed access to them. Also, buffer management is located in the OSS. Mechanisms to influence storage and access strategies (physical database design) are part of this level, too.

With this type of architecture it is possible to build various design database management systems (DDBMS) for different applications just by replacing the DMS layer. Thus the considerable effort that has to be spent for implementing efficient concepts in the kernel DBMS is justifiable, while adapting the system to a new application involves comparatively little expenses in terms of cost and time.

5. The data model of the DAMASCUS kernel

The data model of the kernel DBMS, called IODM, represents a central feature of the system [DKM85b]. On the one hand, it has been designed to be powerful enough to allow for the efficient development and installation of DMSs. On the other hand, it has been chosen as general as to support different DMSs for various (design) applications. Another criterion for the IODM design was to enable efficient mapping to the storage system. We will start by giving the main concepts of the IODM, then proceeding to more detail and examples.

5.1. IODM modelling facilities

The IODM basically combines the entity-relationship approach with concepts for structured objects and powerful attribute types. The two main modelling concepts are **objects** and **relationships**. They are instances of object types and relation types defined in the database schema (compare fig. 3). Each object is characterized by a number of properties, called attributes. Objects and relationships may have user-defined key attributes whose uniqueness is controlled by the system. Besides these optional keys, the system automatically generates unique object/relationship identifiers - database keys - upon instance creation. Data types for attribute values fall into one of the following classes:

- **atomic types:** The usual numerical and alphanumerical types are offered, including integer and real numbers, boolean values, character and text types (fixed length as well as variable length). Furthermore, there are subrange and enumeration types.
- **constructed types:** Type constructors are provided to build complex data types from atomic ones. The IODM includes sets, lists, and vectors. The type constructors can be applied recursively (to arbitrary depth), thus allowing for sets of sets, lists of sets, vectors

of vectors (i.e. matrices) etc. An attribute may also be a structure aggregating components of different types ('tuple constructor').

- **long unstructured fields:** Attributes may be defined as byte or bit strings of arbitrary, possibly very large length. There is no structure imposed on these attributes by the database system. Operators on long fields are similar to file operations, allowing for opening and closing the field as well as reading and writing arbitrary byte sequences from it. Long fields are the mechanism to hide structure from the database system (and thus sacrificing most of its advantages) in order to get high speed access.

Attributes do not only describe properties of an object, but they also serve to attach component objects to it. Thus **subobject aggregation** to form a compound object is done via attributes of the latter. Especially, recursive definition is possible on the type level, i.e. an object may (directly or indirectly) contain subobjects of its own type.

The IODM offers two different ways to define an object-subobject structure. Attributes of a subobject type serve to build pure hierarchies, i.e. treelike structures (**'built-in'** **objects**). Attributes of type **reference** to subobject types allow for arbitrary netlike (though acyclic) structures. The two different ways of building a compound object are also reflected in the operations. For example, built-in objects are deleted when their compound object is deleted, referenced objects are not. To express the 1:n relationship between an object and a variable number of subobjects, the type constructors introduced above apply to object types and references, too, i.e. an object may have sets, lists or vectors of subobject.

IODM also allows to define unions of object types, thus expressing a (restricted) generalization of types. For example, the types 'triangle', 'square' and becomes thus possible to define an attribute that allows for subobject instantiations belonging to any of the special types.

General relationships between objects (i.e.those not of the kind object <--> subobject) are modelled by relationship types. Relationships may be of any arity, though the arity must be fixed for all instances of a relationship type. In addition to the participating objects, a relationship may itself possess properties.

The IODM does not only offer definition mechanisms for objects and relationships, but also the generic operators necessary for manipulating them. Objects and relationships may be created and deleted at will, retrieve and update operations as well as a copy facility are offered for objects. For non-atomic attribute types, there are a number of operators to deal with sets, lists, and unstructured fields.

5.2. Modelling example

In order to illustrate the concepts presented above, let us discuss a comprehensive example. Fig. 7 shows an object of some complexity (though still far from the complexity of real applications) as it is typically used in circuit design.

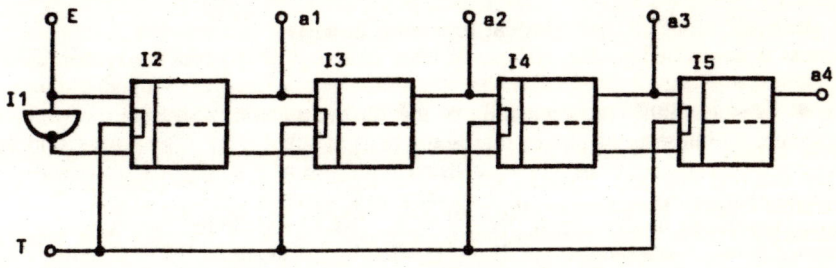

Fig. 7: Example of a complex object

The 4-bit shift register shown consists of four instances of a flipflop as well as one instance of an inverter. Furthermore, the nets connecting the building blocks and the input/output ports have to be modelled. Nets consist of linear segments defined by their starting and ending points.

We will first show how a typical representation of this structure in the relational model would look like. The relation definitions together with a database instantiation are depicted in fig. 8. It is obvious that the information about one object, the shift register, is dispersed among several relations. The connection between the different parts can only be established by repeating the key attributes in every tuple. The application programmer has to collect the data desribing one object by executing (expensive!) join operations.

CIRCUITS

CIRCUIT_ID	...
SHIFT_REG	...
INVERT	...
FLIPFLOP	...
...	...

INSTANCES

INST_ID	TYPE	USED_IN	...
I1	INVERT	SHIFT_REG	...
I2	FLIPFLOP	SHIFT_REG	...
I3	FLIPFLOP	SHIFT_REG	...
I4	FLIPFLOP	SHIFT_REG	...
I5	FLIPFLOP	SHIFT_REG	...
...	...	...	...

NETS

NET_ID	USED_IN	...
N1	SHIFT_REG	...
N2	SHIFT_REG	...
N3	SHIFT_REG	...
N4	SHIFT_REG	...
N5	SHIFT_REG	...
...	...	...

SEGMENTS

USED_IN	IN_NET	...
SHIFT_REG	N1	...
SHIFT_REG	N1	...
SHIFT_REG	N1	...
SHIFT_REG	N2	...
SHIFT_REG	N2	...
...	...	...

PORTS

PORT_ID	USED_IN	...
T	SHIFT_REG	...
E	SHIFT_REG	...
a1	SHIFT_REG	...
a2	SHIFT_REG	...
a3	SHIFT_REG	...
a4	SHIFT_REG	...
...	...	...

Fig. 8: Relational database

Fig. 9 gives a graphic representation of the IODM schema modelling the structures of the example. The nesting of blocks represents built-in subobjects. The corresponding type definitions of the database schema are listed underneath in a slightly abbreviated form. Besides an identifying 'CIRCUIT_ID' attribute and some describing 'CDATA', the circuit structure is reflected by the sets of 'INSTANCE,' 'NET' and 'PORT' objects. The fact that an instance belongs to a circuit type is represented by the attribute 'ITYPE' referencing the object type 'CIRCUIT'.

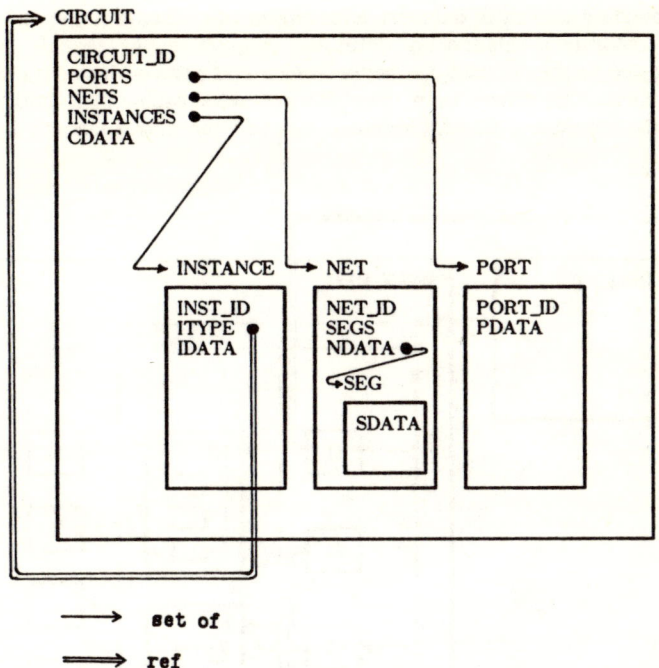

Fig. 9: IODM schema

```
objecttype CIRCUIT    = structure
                          CIRCUIT_ID      : ...,
                          PORTS           : set of PORT,
                          NETS            : set of NET,
                          INSTANCES       : set of INSTANCE,
                          CDATA           : ...
                        key CIRCUIT_ID
                        end;
objecttype NET        = structure
                          NET_ID          : ...,
                          SEGS            : set of SEG,
                          NDATA           : ...
                        end;
objecttype INSTANCE   = structure
                          INSTANCE_ID     : ...,
                          ITYPE           : ref CIRCUIT,
                          IDATA           : ...
                        end;
objecttype PORT       = structure
                          PORT_ID         : ...,
                          PDATA           : ...
                        end;
objecttype SEG        = structure
                          SDATA           : ...
                        end;
```

74

The corresponding part of a database adhering to this schema is shown in fig. 10. An example of an additional relationship definition is given in the sequel. An application might be interested in the connections between nets and ports of instances and should not be forced to extract this information from the geometry each time. Thus a relationship 'CONNECTION' might be defined, relating a net to the corresponding interconnection ports.

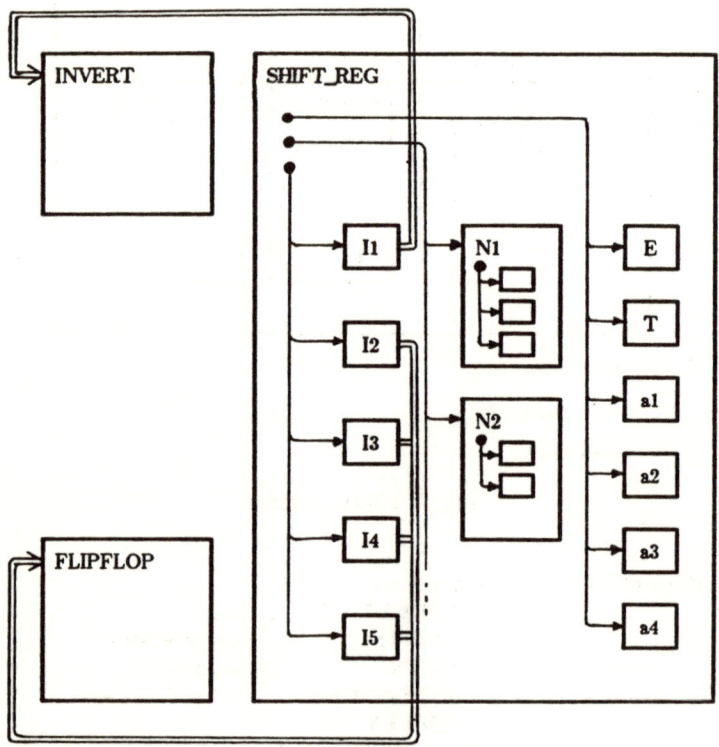

Fig. 10: Example IODM database

```
relationtype CONNECTION    = tuplestructure
                             objects
                                CON_INSTANCE   : INSTANCE,
                                CON_NET        : NET,
                                CON_PORT       : PORT
                             properties
                                CON_DATA       : ...
                             end;
```

Up to now, only the structural definitions have been explained. Let us now give a coarse impression of the IODM operators. The interface actually implemented is an interface to a programming language that - as usual - does not allow for set processing (PASCAL). Thus set-oriented operations have been realized by a cursor concept at this interface. Note that for the sake of readability, the operators in the following examples are given in a form more similar to an interactive interface, and not in the form of the program interface.

Example 1

Creation of an instance of the 'SHIFT_REG' circuit and insertion of this instance into a newly created circuit 'PROCESSOR_XYZ'.

> **create_object CIRCUIT C ['PROCESSOR_XYZ', ...];**
> **create_object INSTANCE I ['SR1', ref 'SHIFT_REG', ...];**
> **insert I into C.INSTANCES**

The corresponding relational operators on the database in fig. 8 are given below. Though in this case relational and IODM operations are rather similar, the relational ones are less useful in reflecting the application structures.

> **insert into CIRCUITS <'PROCESSOR_XYZ', ...>;**
> **insert into INSTANCES <'SR1', 'SHIFT_REG', 'PROCESSOR_XYZ', ...>;**

Example 2

Retrieval of all nets in 'SHIFT_REG' with segments fulfilling a given condition. The condition is that the x-coordinates of segment starting or ending points (X1 and X2 respectivly) exceed 100 units.

> **read CIRCUIT C.NETS N**
>   **where C.CIRCUIT_ID = 'SHIFT_REG'**
>   **and**
> **SEGMENT S in N.SEGMENTS**
>   **where S.X1 > 100 or S.X2 > 100;**

In the corresponding relational expression, a join of the NET and SEGMENTS relation has to be performed on attributes IN_NET and NET_ID.

> **select ***
> **from NETS N**
> **where N.USED_IN = 'SHIFT_REG'**
>   **and**
>   **count (select ***
>   **from SEGMENTS S**
>   **where S.USED_IN = 'SHIFT_REG'**
>   **and**
>   **S.IN_NET = N.NET_ID**
>   **and**
>   **(S.X1 > 100 or S.X2 > 100)) > 0;**

Example 3

Deletion of the 'SHIFT_REG' with all information pertaining to it.

> **delete_object CIRCUIT**
>   **where CIRCUIT_ID = 'SHIFT_REG';**

Here the corresponding relational operations clearly show the lack of semantics covered by the database: Instead of issuing one operations referring to the whole object, seperate operations have to be applied to each relation.

> **delete C from CIRCUITS**
>   **where CIRCUIT_ID = 'SHIFT_REG';**
> **delete I from INSTANCES**
>   **where USED_IN = 'SHIFT_REG';**
> **delete N from NETS**
>   **where USED_IN = 'SHIFT_REG';**

  delete S from SEGMENTS
   where USED_IN = 'SHIFT_REG';
  delete P from PORTS
   where USED_IN = 'SHIFT_REG';

Note that all examples have been based on one (conceptual) schema. The full IODM will of course incorporate a subschema facility that allows to define specifically modified and restricted views on the schema. Tools/users then operate on their subschemas instead of the schema itself.

6. Further system facilities

This chapter briefly sketches some of the other DAMASCUS features. Lack of space prevents us from covering more aspects in more detail, and thus our intention is to give a coarse impression of the system capabilities only.

6.1. Design object data model

The design object data model (DODM) for VLSI design provides structures and operators to deal with design management information along the lines described in chapter 3.1. Specifically, the concepts of representation, variant, configuration etc. are covered. The IODM plays a double role for DODM:

- for modelling the design information proper (showing up within the single design states), it is directly included as part of the DODM,
- all of the above-mentioned 'higher' concepts are realized within the DMS level by mapping them onto IODM concepts.

 Moreover, we plan to include an abstract data type facility [LZ74] into the DODM to allow application administrators to define specific useful data abstractions whose internal data structures are completely hidden.

6.2. Consistency control

As has been pointed out before, consistency control in design databases requires flexible mechanisms that can cope with numerous constraints of high complexity. The runtime overhead of the mechanisms must be small, i.e. more than marginal costs may only arise if consistency checking is really desired to take place.

 The concept developed within the DAMASCUS system, called the event/trigger mechanism (ETM), shows some parallels to exception handling as known in modern programming languages [DKM85c]. The basic idea is to have an event trigger one or more actions (see fig. 11).

 An **event** is a named indicator that signals a certain situation when raised. Events may either be user-defined or predefined in the system (standard events). An **action** is some executable module written in a high-level programming language with embedded database operations. A **trigger** is a pair of one event and one action with the semantics that the action has to be executed whenever the event is raised.

 In its basic form, the ETM is not only applicable to consistency control, but also useful for tasks like recovery, virtual attributes, views etc. For consistency control the ETM is used in the following way:

 The check routines corresponding to consistency constraints are treated as actions. An associated event may be user-defined or system-defined (e.g.'START_CRE_OBJ' at the beginning of the IODM-operation CREATE_OBJECT). At the end of the check program,

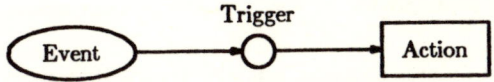

Fig. 11: Basic principle of the ETM

either the event'CHECK_SUCCESS' or 'CHECK_FAIL' will be implicitly raised. Usually a reaction will be desired in case of 'CHECK_FAIL'. If appropriate triggers have been defined, a message may be passed to the user, correcting database manipulations may be performed automatically, or whatever. Fig. 12 shows the situation described in a graphic structure.

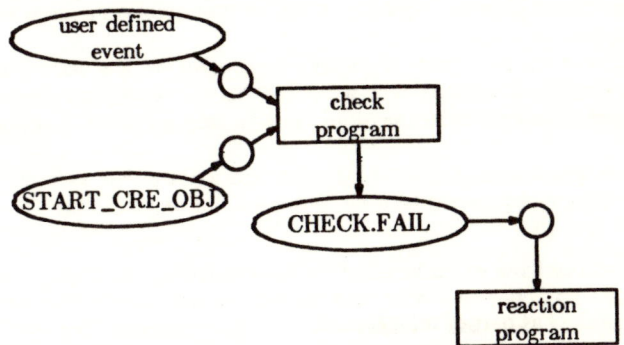

Fig. 12: Consistency control using the ETM

The check routine may be obtained in two ways from the constraint definition:

- The consistency constraint is defined as a logical predicate which is automatically transformed into a check routine rendering a boolean result by the DBMS.
- The consistency constraint is already specified algorithmically by the user. In this case, the program can be directly accepted as the check routine (apart from having to undergo certain analysis steps and minor modifications). Thus existing verification programs may be integrated into overall consistency control.

The ETM allows for dynamic definition of events, actions, and triggers, so that changing consistency requirements may be met.

6.3. Transaction management

Transactions are user-defined units of work consisting of a sequence of DBMS and host language operations. In the classical case, the DBMS guarantees the following properties [Esw76], [Gra81]:

- **data consistency:** at the end of a transaction, the database ist guaranteed to fulfill all consistency constraints defined for it; during the transaction, violations are permitted.
- **atomicity:** a transaction is either completed as a whole or none of the updates will be visible to other users of the database.
- **persistency:** the updates of a correctly terminated transaction are save whatever system failures may occur afterwards.

In order to achieve these properties, the transaction management uses several mechanisms:

- in the case of system failures or transaction aborts caused by users, all ongoing transactions are rolled back in order to keep the database in a consistent state,
- synchronization protocols based on locking guarantee that updates of one transaction are not visible to other transactions executed in parallel,
- updates of correctly committed transactions will be saved by applying special recovery mechanisms.

In contrast to the classical case, a design transaction has to satisfy several new requirements [LP83]:

- **long duration:** a user-defined working unit contains a design phase lasting for example for some hours, days or perhaps some weeks,
- **complexly structured objects:** typically, a transaction involves a large amount of highly structured data,
- **workstation/server architecture:** in design environments, the hardware configuration consists of several workstations and a central server where all design data will be integrated; the data belonging to the actual design step are held in private areas on the workstations,
- **teamwork:** synchronization has to be handled less strictly than in classical transactions because team colleagues should be able to use design objects even if not yet fully consistent.

These requirements have to be handled by reconsidering the classical transaction concept. For example, data consistency control should not necessarily involve the transaction mechanism, because in this case, consistency is only guaranteed at the end of the (long) transaction.

The workstation/server configuration leads to the CHECKIN/CHECKOUT mechanism and the concept of **long transactions**. Data will be checked out from the global database to the user's local (workstation) database at the begin of a design step and will be passed back (if modified) via CHECKIN.

The persistency of long transactions is achieved using classical mechanisms. Because of the long duration, additional sequences of savepoints will be needed within long transactions. This can e.g. be supported by sequences of classical short transactions within one long transaction working on the private space of the workstation. Figure 13 gives an example. Note especially, that CHECKOUT/CHECKIN are realized as short transactions.

In summary, long transactions are only used to coordinate different user processes (synchronization). For data integrity purposes, a long transaction may be decomposed into several short transactions and make use of some sort of savepoint mechanism. Finally, data consistency is handled more or less independently of the transaction management.

6.4. Performance issues

The implementation of the DAMASCUS system has to cope with high performance requirements. To reach this goal, two complementary directions are followed. On one hand, the DBMS has to be implemented with efficient internal structures and powerful algorithms. For example, we are about to replace the notoriously inefficient UNIX file system by our own storage management (based on raw devices). On the other hand, additional concepts have to be developed that allow for application-specific performance optimization. In this context we consider:

- object clustering
- main memory databases/object-oriented buffering
- access mechanisms
- storage structure language

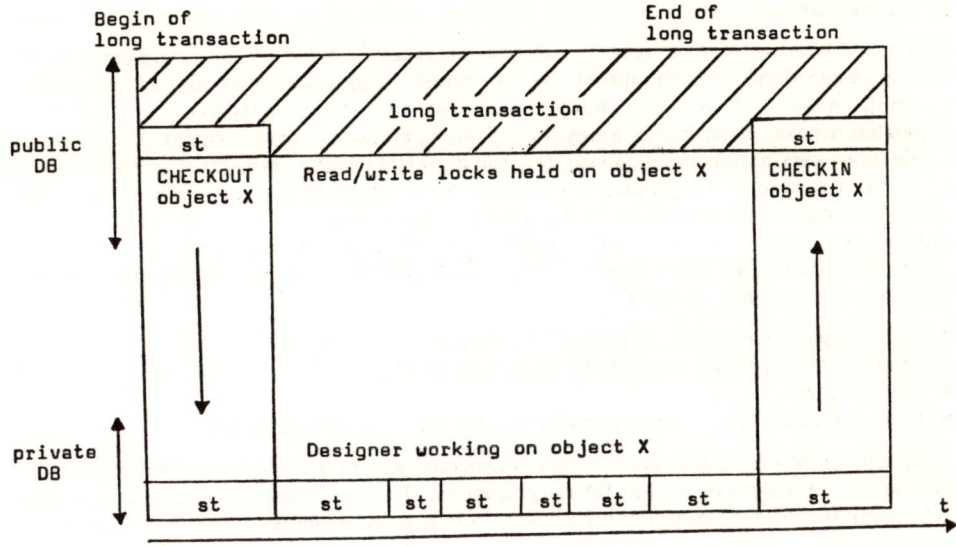

Begin of **End of**
long transaction **long transaction**

st: short transaction

Fig. 13: CHECKOUT/CHECKIN mechanism for long transactions

Object clustering

In the design environment, a complex object often has to be retrieved as a whole. Think for instance of reading all data about the logic representation of a circuit in order to perform logic simulation.

To guarantee fast access, objects should be stored physically clustered together with all the subobjects usually retrieved at the same time. Clustering means concentrating the data belonging to one complex object on as few pages as possible as well as storing these pages in consecutive disk blocks. Physical clustering can only be done according to one criterion at a time, so reorganizing may become necessary if access characteristics change. Eventually, even controlled redundancy may be appropriate.

Main memory databases/object-oriented buffering

As the cost of main memory is decreasing with technological progress, it becomes more and more interesting for a DBMS to keep the whole database or at least large relevant parts of it in primary memory. Access to secondary storage being extremely time consuming, this measure will speed up DBMS efficiency significantly.

In CAD/CAM applications, it will not be possible to keep the whole database (usually in the realm of many megabytes to even gigabytes) in main memory. But one usually has to deal with access patterns showing locality, i.e. the user selects a design object or part of it for manipulation and then stays working on these data for a rather long period of time. So in our context the term 'main memory database' is used to denote main memory buffering of complex objects that are currently manipulated.

The main point is to do buffering in an object-oriented, not in a page-oriented fashion. Data structures and access mechanisms have to be tailored to cope with main memory demands. Objects are transferred explicitly between secondary and primary storage by additional DBMS-operators. So the user (who in fact has the knowledge!) can indicate which objects should be accessible most efficiently. Apart from these operators, the main memory database remains transparent to the user. (See also [WDM86].)

Access mechanisms

Access mechanisms serve to retrieve information in the database by providing certain identifying values (keys, descriptors) or by navigating from some other part of information [Wie83]. A standard access technique in DBMS are B*-trees that allow for direct and sequential access according to a key value. As operational characteristics of CAD/CAM applications vary across the database, this standard technique is not suited equally well for all kinds of data (e.g. for geometrical layout). So a variety of access techniques has to be offered to select from according to different characteristics. For instance, one has to consider the update/retrieval ratio on the data, the difference between direct and sequential access, distributions of key values etc. The DAMASCUS system will offer access mechanisms from the following classes:

- physically sequential access paths (see clustering)
- chained structures (linking data by some kind of pointers)
- tree structures
- hash techniques (fast direct access by key-to-address transformation)

Special emphasis is laid upon multi-dimensional access techniques allowing for access by a set of key values as well as for range queries. This is of special interest for geometric data (think for instance of retrieving all objects in a given window).

Storage structure language

The storage structure language (SSL) is a DBMS facility that is used for physical database design. The user, the database administrator in this case, can apply the SSL to select structures and algorithms best suited for the application characteristics. The SSL will mainly serve to

- define the clustering of objects,
- select access paths for data according to the operation characteristics,
- assign parameter values like maximum size of storage areas etc.

The SSL is thus used to influence the mapping of IODM concepts to the object storage system. If desired and justified, an additional SSL for the DODM to IODM mapping might be designed.

7. Conclusion and outlook

Database systems are about to become the key components of powerful CAD systems:

- appropriate data models are capable to act as a standardized interface for all design tools,
- appropriate system facilities are capable to assume all salient information management tasks.

However, current DBMS technology is not suited to cope with the specific CAD requirements. In this paper, an approach for a development of new DBMS for design applications has been presented. The DAMASCUS system was described as a DBMS for VLSI design based on a kernel DBMS generally applicable to CAD/CAM environments. As a central feature, object-oriented modelling facilities have been developed. Mechanisms for all relevant DBMS facilities like consistency, recovery etc. are also included.

A prototype of the system is currently developed at FZI Karlsruhe. The kernel DBMS interface is already operational using a simplified version of the object storage system. The OSS currently relies on the UNIX file system and a B-tree manager. In the future it will be substituted by a more efficient storage component. Experiences with the IODM have been gained by running some CAD tools on top. Version management as well as the event/trigger mechanism are currently being implemented. Future work will mainly concentrate on the design object interface and on performance issues.

Acknowledgement

We would like to thank Siemens AG Munich for supporting the DAMASCUS project.

Literature

[Dat86]   C.J. Date: Introduction to Database Systems, Vol.1, 4th edition; Addison-Wesley, Reading Mas., 1986.

[DKM85a]   K.R. Dittrich, A.M. Kotz, J.A. Mülle: A Multilevel Approach to Design Database Systems and its Basic Mechanisms; Proc. IEEE COMPINT, Montreal 1985.

[DKM85b]   K.R. Dittrich, A.M. Kotz, J.A. Mülle: Das interne Objekt-Datenmodell (iODM) des Datenhaltungssystems DAMASCUS; Technical Report, Forschungszentrum Informatik an der Universität Karlsruhe, 1985.

[DKM85c]   K.R. Dittrich, A.M. Kotz, J.A. Mülle: An Event/Trigger Mechanism to Enforce Complex Consistency Constraints in Design Databases; Research Report No. 2, Forschungszentrum Informatik an der Universität Karlsruhe, 1985.

[Esw76]   K.P. Eswaran et al.: The Notions of Consistency and Predicate Locks in a Database System; Comm. of the ACM, Vol. 9, No. 11, Nov. 1976, pp. 624-633.

[Gra81]   J. Gray: The Transaction Concept: Virtues and Limitations. Proc. 7th Int. Conf. on VLDB, 1981, pp. 144-154.

[Kat83]   R.H. Katz: Managing the Chip Design Database; Computer, Vol. 16, No. 12, Dec. 1983.

[Loc85]   P.C. Lockemann et al.: Database Requirements of Engineering Applications - An Analysis; Research Report, Forschungszentrum Informatik (Report No.3) & Universität Karlsruhe (Report No. 12/85), 1985.

[Lor82]   R.A. Lorie: Issues in Databases for Design Applications; in: J. Encarnacao, F.-L. Krause (eds.): File Structures and Data Bases for CAD, North-Holland, 1982

[LP83]   R. Lorie, W. Plouffe: Complex Objects and their Use in Design Databases; Proc. Database Week 1983, IEEE Computer Society Press.

[LZ74]   B. Liskov, S. Zilles: Programming with Abstract Data Types; Proc. ACM SIGPLAN, Conf. on Very High Programming Language, SIGPLAN Notices, Vol.9, No.4, April 1974, pp. 50-59.

[Sid80]   T.W. Sidle: Weaknesses of Commercial Data Base Management Systems in Engineering Applications; Proc. Design Automation Conf., Minneapolis, Vol.17, June 1980, pp.57-61.

[WDM86]   D. Weippert, K.R. Dittrich, J.A. Mülle: Konzeption einer Hauptspeicherdatenbankkomponente für objektorientierte Datenbanksysteme; Research Report, Forschungszentrum Informatik & Universität Karlsruhe, 1986 (to appear).

[Wie83]   G. Wiederhold: Database Design; Mc Graw-Hill 1983.

EDIF - Eine Initiative zur Standardisierung von Entwurfsdaten im Mikroelektronik-Bereich

E. Abel, H. Heckl
Gesellschaft für Mathematik und Datenverarbeitung mbH
Schloß Birlinghoven
Großprojekt E.I.S. (Entwurf Integrierter Schaltungen)

1. Einleitung

Das Eindringen hochintegrierter Schaltungen in fast alle Bereiche der Industrie hat zu einem sprunghaften Anstieg des Angebotes an Entwurfs-Software und an Fertigungsmöglichkeiten geführt.

Die Mikroelektronik-Anwender stehen damit einer Vielzahl von neuen Datenformaten der Workstation-Anbieter, der Halbleiterfirmen und der Testgeräte-Industrie gegenüber. Diese Formate sind oft ad hoc für ein spezielles Anwendungsgebiet entstanden und unter Zeitdruck konzipiert worden. Aus diesen Gründen sind sie durch folgende Einschränkungen gekennzeichnet:

- enger Anwendungsbereich, z.B. beschränkt auf Test oder auf die Geometrie des Layouts,
- fehlende bzw. unvollständige Software,
- schwierige Erweiterungsmöglichkeiten bei neuartigen Entwurfsmethoden und neuen Technologien.

Zusätzlich kreierten einige Hersteller bewußt firmenspezifische Formate, um ihre Kunden fester an sich zu binden. Diese Situation ist typisch für hochinnovative Technologien und schnell wachsende Märkte, ebenso typisch ist aber auch die Reaktion auf die große Vielfalt an Angeboten: Wettbewerber schließen sich zusammen, um langfristig die Forschungs- und Investitionsmittel weniger in Abgrenzungsaktivitäten und wieder mehr in Produktinnovationen zu lenken.

Ein einheitliches Format für Entwurfsdaten bietet auch für den Mikroelektronik-Anwender offenkundige Vorteile: Er hat eine leicht zugängliche, breite Auswahl an Entwurfssoftware. Der freie Wettbewerb sowohl bei den CAD/CAE-Systemen und Entwurfswerkzeugen als auch in der Halbleiterindustrie wird unterstützt und ausgeweitet. Insbesondere ist für den Mikroelektronik-Anwender von Vorteil, daß ein Datenaustausch zwischen Systemen unterschiedlicher Herkunft und zu verschiedenen Herstellern ohne Konvertierungsaufwand gewährleistet ist. Er kann sich bei der Auswahl von CAD-Systemen, Entwurfssoftware und Prozeßlinien auf die eigentlichen Leistungsmerkmale der Anbieter konzentrieren.

2. EDIF - eine Standardisierungs-Initiative amerikanischer Workstation- und Halbleiterhersteller

Im Herbst 1983 ergriffen in USA einige Halbleiter- und Workstationhersteller die Initiative, um den Austausch von Entwurfsdaten elektronischer Schaltungen durch ein einheitliches Beschreibungsformat zu erleichtern. Sie gründeten ein Gremium, das aus

Vertretern der Firmen Motorola Inc., National Semiconductor Corp. und Texas Instruments Inc. sowie Daisy Systems Corp., Mentor Graphics Corp. und Tektronix Inc. bestand. Seine Aufgabe war es, die existierenden Datenformate auf ihre allgemeine Verwendbarkeit hin zu analysieren und auf dieser Basis ein einziges neutrales Format zu definieren. Hierbei konnten sie die Erfahrungen mit den folgenden, im eigenen Hause verwendeten Formaten einbringen: GAIL, TDF, TIDAL und CIDF. GAIL (Gate Array Interchange Language) von Daisy und TDF (Technology Definition File) von Motorola sind spezielle Formate für den Gate-Array-Entwurf. CIDF (Common Interchange Description Format) war im Laufe von 2 Jahren von interessierten Mitarbeitern unterschiedlicher Organisationen unter der Federführung der UC Berkeley entwickelt worden. Es ermöglicht die Beschreibung von Schaltplänen, Netzlisten, symbolischen und physikalischen Layouts. Die Syntax - basierend auf der Programmiersprache LISP - ist einfach und leicht erweiterbar. TIDAL (Transportable Integrated Design Automation Language) von Texas Instruments ist das Format, das die Bereiche des Entwurfs von Schaltungen am weitesten unterstützt: von der Verhaltensbeschreibung bis zum physikalischen Layout; außerdem können Testdaten, Technologieinformationen und komplexe Entwurfsregeln beschrieben werden. Einen Überblick über die Verwendbarkeit dieser Formate beim Schaltungsentwurf gibt Abb. 1.

	Motorola, Mentor	Texas Instruments	National Semiconductor, Tektronix	Daisy Systems	EDIF
Zellbibliothek	TDF (Physical)		CIDF (Schematic)	GAIL (Physical)	
Log. Schaltplan					E
Verhaltensmodell				DABL	D
Struktur	SNET-WORK	TIDAL		GAIL	I
Test	SPAT-TERN				F
Schaltkreis					
Geometrie	FIX/AUX	TIDAL	CIDF	GAIL	

Abb. 1: CAE/CAD-Hersteller entwickeln aus In-House-Datenformaten EDIF

Die Entwicklung des neuen einheitlichen Datenformates EDIF (Electronic Design Interchange Format) orientierte sich an folgenden Zielen:

- EDIF sollte durch Anwendung zum de facto-Standard werden, nicht durch Verordnung staatlicher Gremien.
- EDIF sollte so neutral wie möglich sein, damit Informationen in möglichst vielen Systemen darstellbar sind.
- EDIF sollte für alle zugänglich sein und keinem Lizenzierungszwang unterliegen.
- Der Rahmen für einen de facto-Standard, an dem sich die zukünftigen Arbeiten orientieren, sollte so schnell wie möglichgebildet werden.
- Spätere Versionen sollten sich auf Erweiterungen bzw. Verbesserungen spezieller Informationen (z. B. für Test, PCB) konzentrieren.

84

- Die Syntax sollte einfach sein, damit Implementierungen, d.h. Software zum Lesen und Schreiben von EDIF-Dateien, leicht und schnell möglich sind.
- Die Syntax sollte erweiterbar sein, damit EDIF auch für neuartige CAD-Software und neue Technologien offen ist.
- Die Syntax sollte konsistent sein.
- EDIF sollte so strukturiert sein, daß eine Aufwärtskompatibilät gewährleistet ist.

EDIF wurde als reines Datenaustauschformat konzipiert, allein zu dem Zweck, Daten zwischen CAD/CAE-Systemen und zwischen Designern und Herstellern von elektronischen Schaltungen zu transferieren. Die für den Entwurf elektronischer Schaltungen typische Hierarchie spiegelt sich in der strukturellen Entwurfshierarchie von EDIF wider. Jede Hierarchieebene kann aus einer oder mehreren Zellen bestehen. Jede Zelle kann aus verschiedenen Sichten ("views") beschrieben werden: mask-layout, symbolic, netlist, schematic, behavioural, document, stranger.

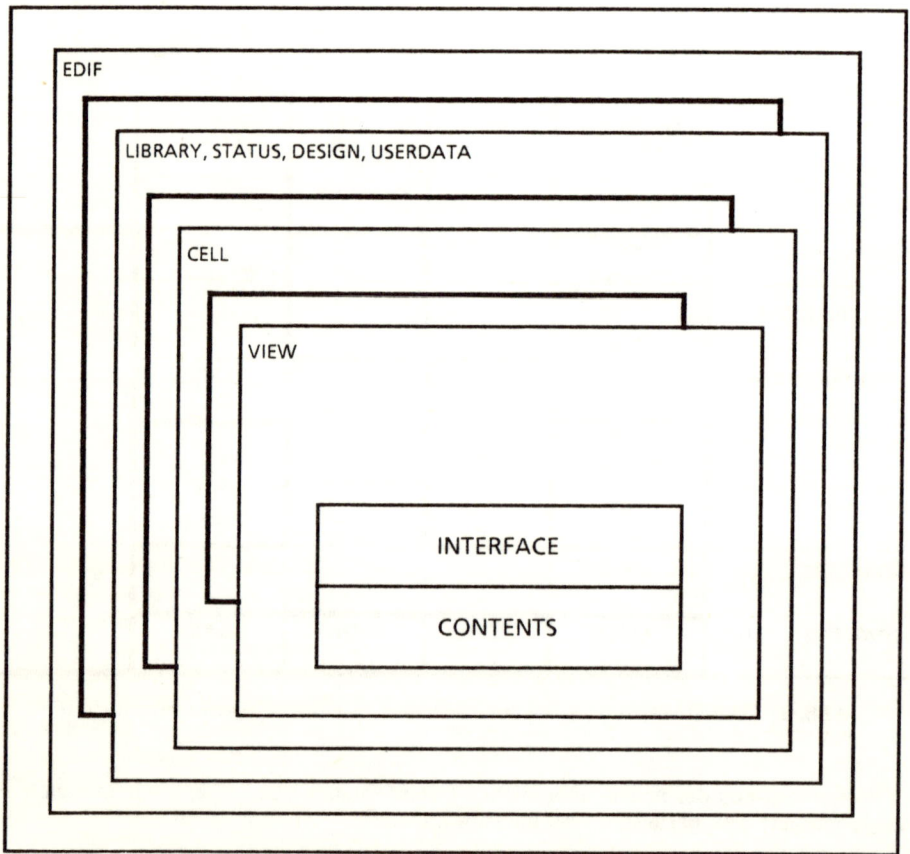

Abb. 2: Hierarchische Struktur von EDIF

In EDIF sind 3 Ausbaustufen vorgesehen: EDIF *level 0* ermöglicht die statische Beschreibung nichtparametrisierter Zellen, *level 1* erlaubt auch variable, algebraische Funktionen und parametrisierte Module. Der volle Sprachumfang ist erst mit *level 2* erreicht: hier sind auch komplexe Datentypen und eine prozedurale Beschreibung des Entwurfs vorgesehen.

3. Der EDIF-Entwicklungsprozeβ

Der erste EDIF-Entwurf (Version 008) wurde als Diskussionsgrundlage im Mai 1984 veröffentlicht. Innerhalb eines Monats bildeten sich Technical Subcommittees, um die Spezifikation in den einzelnen Themenbereichen auszuarbeiten. So konnte bereits die Spezifikation V 100 im März 1985 publiziert werden. Die nächste Überarbeitung, in der schon vielfältige Anregungen von EDIF-Anwendern berücksichtigt wurden, erschien als Version 110 im November 1985. Zu diesem Zeitpunkt hatte sich auch die Organisationsstruktur herausgebildet, mit deren Hilfe EDIF schnell und effektiv weiterentwickelt werden konnte.

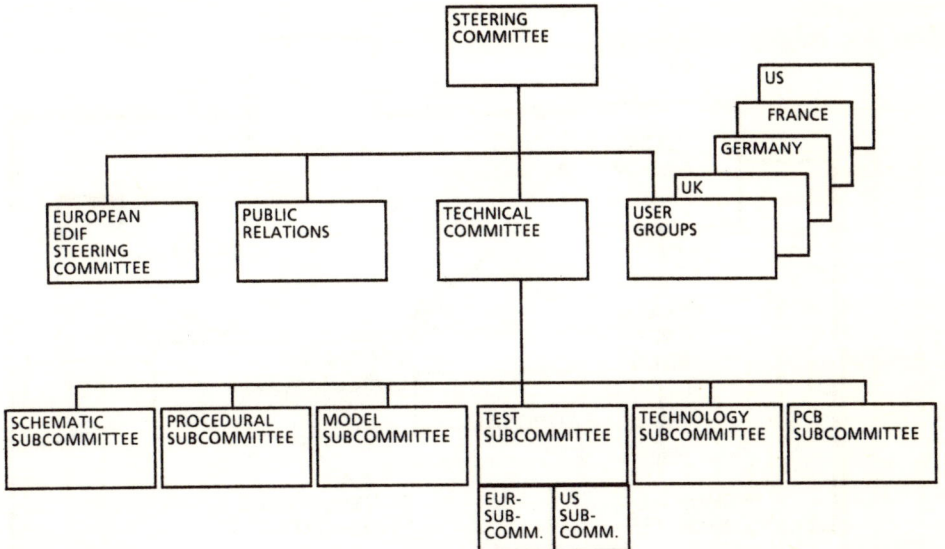

Abb. 3: EDIF Committees

Das EDIF Steering Committee (SC), das sich aus Vertretern der Gründerfirmen und Richard Newton, UC Berkeley zusammensetzt, ist verantwortlich für die politischen und strategischen Entscheidungen, u. a. über die Herausgabe neuer EDIF-Versionen. Das Technical Committee (TC) ist verantwortlich für die technischen Inhalte der EDIF-Spezifikation, für die Prüfung und Integration der Vorschläge zur Spezifikation aus den Technical Subcommittees und für die Einhaltung der Konsistenz der Spezifikationen. Die Technical Subcommittees (TSC) arbeiten an spezifischen Teilbereichen: Schematic Description, Procedural Layout, Behavioural Modelling, Test Description, Technology/Physical Design Rules und Printed Circuit Board (PCB). Aufgrund der zahlreichen Reaktionen auf die Veröffentlichung von EDIF wurde 1986 ein Administration Office gebildet, das die Verbreitung und Verteilung von EDIF-Informationen übernimmt.

Die EDIF-Anwender haben sich in den EDIF User Groups zusammengefunden, um ein Forum für die Benutzererfahrungen mit EDIF zu schaffen und Software zu sammeln und auszutauschen. Die erste Benutzergruppe wurde 1985 in USA von Paul Stanford (Texas Instruments) gegründet, noch in demselben Jahr folgten weitere in Großbritannien und in Deutschland. Die US User Group veranstaltet zwei Workshops pro Jahr, in der Regel in Verbindung mit der Design Automation Conference im Sommer und der International Conference on Computer Aided Design im November. Hier werden die verschiedenen Implementierungen vorgestellt und diskutiert.

Die rasche Verbreitung und die intensive Mitarbeit aller an einem standardisierten Datenaustauschformat Interessierten hat dazu geführt, daß die IEEE Computer Society 1986 die EDIF-Organisation aufgefordert hat, EDIF als Normungsbeitrag einzureichen. Hierfür wurde es notwendig, die existierende, 1986 herausgegebene EDIF Version V 111 einer gründlichen, generellen Prüfung zu unterziehen. Der Prozeß, bei dem alle Kommentare und neuen Vorschläge zu einer konsistenten neuen Version vereinigt werden, vollzieht sich folgendermaßen: Das Steering Committee legt die Anforderungen für die nächste Freigabe fest, und das Technical Committee gibt diese an die zuständigen Subcommittees weiter. Falls erforderlich werden neue TSCs gegründet. In den TSCs werden die Vorschläge ausgearbeitet. Das TC integriert diese Vorschläge und die Beiträge aus den User Groups zu einer neuen tragfähigen und konsistenten Version.

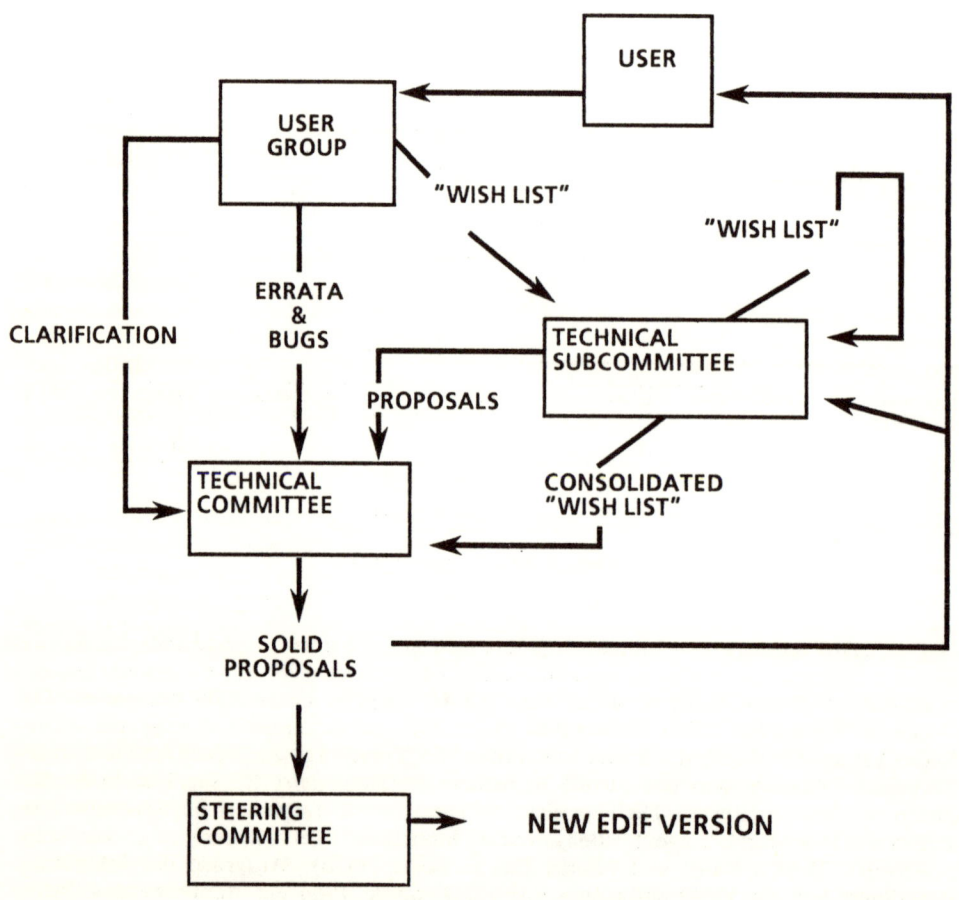

Abb. 4: EDIF - Entwicklungsprozeß

Die nächste Version EDIF V 200 ist für Frühjahr 1987 angekündigt. Diese Version wird die Grundlage eines Normungsbeitrages sein und beim Ausschuß "IEEE Computer Society, Design Automation Technical Committee, Design Automation Standards Subcommittee (IEEE CS DATC DASS)" eingereicht. Die EDIF-Organisation hat speziell hierfür eine Gruppe unter der Leitung von Paul Stanford (Texas Instruments) gegründet, die den EDIF-Beitrag in der zuständigen IEEE-Arbeitsgruppe vertreten wird.

4. EDIF in Europa

Die kalifornischen EDIF-Aktivitäten wurden in Europa bereits in einem sehr frühen Stadium mit äußerster Aufmerksamkeit registriert. Das Interesse ging hier in erster Linie von den Mikroelektronik-Anwendern aus, die sich ein einheitliches Datenformat für die Beschreibung der Zellbibliotheken der Halbleiterhersteller wünschten, um schneller und flexibler neue Wettbewerbsmöglichkeiten nutzen zu können. Auch bei den Entwurfssystemen der Workstation-Hersteller waren die europäischen Anwender weitgehend einem ständig wechselnden Formatangebot ausgesetzt. Die Idealvorstellung war hier, wie in den USA, langfristig einen problemlosen Datenaustausch ohne wiederholte Formatumwandlung zwischen den verschiedenen CAD/CAE-Systemen zu ermöglichen. Neben diesen eher kommerziellen Gesichtspunkten ergab sich auch im Umfeld der Grundlagenforschung bei europäischen Hochschulen und staatlichen Forschungseinrichtungen ein wachsender Bedarf an vereinheitlichten Formatbeschreibungen: In den nationalen Förderprogrammen zur Intensivierung von Ausbildung und Forschung auf dem Gebiet des Entwurfs integrierter Schaltungen, insbesondere in der Bundesrepublik Deutschland, in Großbritannien und Frankreich, entstand eine Vielzahl von Entwurfssoftware, die meist nur schwer in die bestehende kommerzielle Software integrierbar war. Dadurch entstanden zusätzlich zu den vielen Industrieformaten auch noch neue Formate innerhalb der einzelnen Hochschulen bzw. bei Hochschul-Verbänden.

Bundesrepublik Deutschland

Im Förderprojekt E.I.S. (Entwurf Integrierter Schaltungen) des Bundesministers für Forschung und Technologie (BMFT), in dessen Rahmen insgesamt 25 Hochschulen und Fachhochschulen eine eigenständige CAD-VLSI-Forschung aufbauen, war von Projektbeginn an eine der wichtigsten Aufgabenstellungen die Beteiligung an internationalen Standardisierungsbestrebungen und die aktive Mitwirkung an der Ausgestaltung von CAD-Standards zum langfristigen Nutzen für die europäische Industrie. Nach einer systematischen Sichtung der in Europa eingesetzten Beschreibungsformate konzentrierte sich die Mitgestaltungsmöglichkeit sehr schnell aus folgenden Gründen auf EDIF:

- Die EDIF-Gremien sind in ihren Beteiligungsmöglichkeiten und in ihrer Informationspolitik im Gegensatz zu Arbeitsgremien der Industrie oder zu den VHDL-Gremien offen.
- EDIF hatte bereits eine breite Basis an Beteiligten aus wichtigen Industriezweigen.
- EDIF ist ein ausbaufähiges Format, das eine saubere Definition der Schnittstellen zwischen unterschiedlichen abstrakten Repräsentationen darstellt. Damit bietet es gerade für die Grundlagenforschung an Hochschulen ein weites Betätigungsfeld.

Neben den Hochschulen zeigten sich aber auch deutsche Industrieunternehmen immer stärker an dem neuen Format interessiert.

Um die verschiedensten Interessen zu bündeln und auch um die gerade im Hochschulbereich laufenden Aktivitäten sinnvoll in ein Gesamtkonzept einzubinden und zu koordinieren, wurde am 24.10.1985 in der Gesellschaft für Mathematik und Datenverarbeitung (GMD) die German EDIF Interest Group (GEDIG) gegründet.

Die Gruppe ist ein Kristallisierungspunkt für EDIF-Aktivitäten in der Bundesrepublik Deutschland, sie ist aber auch offen für Mitglieder aus anderen deutschsprachigen Ländern. GEDIG hält den Kontakt zum internationalen EDIF Steering Committee, zum European EDIF Steering Committee (EESC) und zu den EDIF-Benutzergruppen in anderen Ländern. Ziel von GEDIG ist neben der Verbreitung von EDIF-Informationen die EDIF-Entwicklung aus den Anforderungen der deutschen Anwender heraus zu beeinflussen. Änderungs- und Ergänzungsvorschläge ihrer Mitglieder werden von GEDIG in den zuständigen EDIF-Gremien vertreten.

In Deutschland informiert GEDIG nicht nur ihre Mitglieder sondern auch die zuständigen Normungsgremien und die industriellen Interessenverbände. Innerhalb des E.I.S.-Projektes arbeiten die Hochschulen, insbesondere die Technische Hochschule Darmstadt, die FernUniversität Hagen und die Universität Siegen, aufbauend auf einer VLSI-Datenhaltungsschale an einer gemeinsamen EDIF-Schnittstelle, über die die einzelnen Entwurfswerkzeuge mit einer relationalen Datenbank kommunizieren können. Aktiv an EDIF arbeiten außerdem folgende GEDIG-Mitglieder: Technische Hochschule Aachen (Simulation und Test), Technische Universität Braunschweig (Layout), Technische Hochschule Darmstadt (GKS-Schnittstelle), Universität Dortmund (Synthese), FernUniversität Hagen (Layouteditor), Universität Kaiserslautern (Entwurfsverifizierung, EDIF-Parser-Generator, Multilevel-Grafikeditor), Universität Karlsruhe (Verhaltensmodelle), Universität Siegen (Test, EDIF-Parser, CIF-EDIF-Konvertierung). Das Interesse der Industrie liegt derzeit in erster Linie bei der Schnittstelle Entwurf und Test sowie beim Leiterplattenentwurf.

Großbritannien

Ähnlich wie in Deutschland durch den BMFT werden in Großbritannien internationale Standardisierungsaktivitäten im Rahmen des Alvey-Programmes unterstützt. Ein erstes Projekt dieser Art, das "UK EDIF Support Project" wurde in den Jahren 1985 und 1986 durchgeführt. Ziel war die Evaluierung von EDIF und die rasche Implementierung in britischen Unternehmen. Arbeitsschwerpunkte waren Daten-Modellierung, Syntax und experimentelle Untersuchungen des Daten-Austausches. Das Projekt wurde durch die Firma STC Technology Ltd (STL) koordiniert, weitere Partner waren British Telecom (BT), Ferranti, Mullard, Plessey und die Universität Manchester. Auf Initiative von STC wurde Anfang 1985 die UK EDIF User Group gegründet, die in Europa sicher die aktivste EDIF-Gruppierung darstellt.

Nach dem erfolgreichen Abschluß des ersten wurde Anfang 1987 ein weiteres zweijähriges EDIF-Projekt im Rahmen des Alvey-Programmes begonnen. Schwerpunkte sind Erweiterungen der Daten-Modellierung, der Testbeschreibung und der Verhaltensbeschreibung. Daneben sollen Erweiterungen für die Beschreibung parametrisierbarer Zellen erarbeitet werden.

Frankreich

In Frankreich hat sich Ende 1986 unter Koordination von Bull eine Benutzergruppe gebildet, die ebenfalls neben reinen Informationsaufgaben Beiträge zur Weiterentwicklung von EDIF leisten will. Aktivitäten werden auch hier zunächst eher aus dem Hochschulbereich kommen, die Industrie wartet die Stabilisierung von EDIF ab.

Europäische Gemeinschaft

Um den in den verschiedenen europäischen Ländern laufenden Aktivitäten noch mehr Gewicht zu geben und um auch in diesem Rahmen die Ressourcen zu bündeln, wurde Anfang 1986 ein European EDIF Steering Committee (EESC) gebildet. Hier haben sich Repräsentaten der Europäischen Kommission, aus Dänemark, Deutschland, Frankreich, Grossbritannien, Italien und den Niederlanden zusammengefunden, um regelmäßig über europäische Interessen und Aktionen auf dem Gebiet der Standardisierung von VLSI-Datenformaten zu beraten. Das Gremium hat sich bewußt nicht nur auf EDIF beschränkt, es erörtert auch Zusammenhänge mit VHDL, IGES oder ähnlichen Formaten. Sehr wichtig für dieses Gremium sind auch Erkenntnisse laufender ESPRIT-Projekte, besonders des Projektes ECIP (European CAD Integration Project). An ECIP sind sowohl reine Systemhäuser (Bull, ICL, Alcatel) als auch System- und Halbleiterhersteller (Philips, Siemens, SGS) beteiligt. ECIP untersucht im Hinblick auf bessere Wettbewerbschancen der eurpäischen Industrie neben EDIF auch andere Format-Vorschläge (u. a. GDS2, VHDL, GKS, CIF). EESC wird neben der Aufgabe eines europäischen EDIF-Forums insbesondere Arbeitsprogramme zur Daten-Modellierung und zum Test initiieren.

5. EDIF und andere Beschreibungsformate für den Entwurf elektronischer Schaltungen

EDIF ist ein reines Datenaustauschformat. Es ist - trotz der LISP-ähnlichen Syntax - keine Programmiersprache. Es ist auch keine Datenbank für Schaltkreisentwürfe. Es ist nur eine Vereinbarung zum Transfer von Daten zwischen CAD/CAE-Systemen sowie zwischen Entwerfern und Herstellern elektronischer Schaltungen. Hierzu sind Daten auf den verschiedenen Abstraktionsebenen, von der System- über die Logik- bis hin zur Geometrieebene zu beschreiben. Unter diesen Voraussetzungen ist der Zusammenhang von EDIF zu anderen Beschreibungsformaten für Entwurfsdaten elektronischer Schaltungen zu betrachten.

Für die Beschreibung des physikalischen Layouts hat sich in den letzten Jahren CIF (CALTECH Intermediate Format) durchgesetzt. CIF, eine Entwicklung des California Institut of Technology, ist allgemein verfügbar und unterliegt keinem Lizensierungszwang. Es wird in zahlreichen CAD-Werkzeugen eingesetzt; insbesondere ist es wegen der Verwendung in dem weit verbreiteten Simulator SPICE auch von Herstellern akzeptiert. Es ist zu erwarten, daß CIF wegen seines engen Anwendungsbereiches langfristig von EDIF subsumiert wird.

Ein anderes Format für den Geometriebereich ist HKP (Hochkomprimiertes Postup), eine Entwicklung der Siemens AG. Dieses Format ist jedoch firmenspezifisch und findet vorwiegend bei den Prozeßlinien dieses Herstellers Anwendung.

Für den flexiblen Datenaustausch zwischen CAE-Systemen hat die Siemens AG die Datenbeschreibungssprache GIFF (General Interface File Format) entwickelt. Hierbei werden als Schnittstellen zwischen CAE-Systemen Koppelbausteine eingesetzt, die aus einem CAE-spezifischen und einem allgemein gültigen Teil bestehen. GIFF wird bei Siemens zur Kopplung ausgewählter CAE-Systeme in ihrer firmenspezifischen Entwurfumgebung eingesetzt. EDIF dagegen ist CAE-System-unabhängig. EDIF-Dateien können von beliebiger CAD-Software erstellt bzw. gelesen werden.

Für die Beschreibung von Daten auf allen Ebenen des Entwurfs integrierter Schaltungen wurde an der Technische Hochschule Darmstadt IREEN entwickelt. IREEN (Intermediate Representation Especially Elaborated for the Need of CONLAN) ist ürsprünglich als Interface zwischen Front-End und Back-End von CONLAN-Compilern spezifiziert worden. CONLAN (CONsensus LANguage) wurde seit 1973 von einer internationalen Arbeitsgruppe als gemeinsame Hardwarebeschreibungssprache entwickelt und auch industriell akzeptiert. Das CONLAN-Konzept sieht eine ganze Sprachbeschreibungsfamilie vor, deren Mitglieder alle durch eine gemeinsame Syntax und Semantik verbunden sind. Die Sprache, aus der sich alle neuen CONLAN-Sprachen ableiten lassen, ist BCL (Based CONLAN). Für den Entwurf integrierter Schaltungen wurde in Darmstadt IREEN-3 entwickelt, das Beschreibungsmittel für die Bereiche Systemarchitektur, Realzeit-RT-Ebene, Switchlevel, Schaltkreise, Stickdiagramme und Maskenlayout enthält. Im Gegensatz zu EDIF, das als Textformat zur Kommunikation mit der Außenwelt dient, ist IREEN als Schnittstelle zwischen Entwurfswerkzeugen und der Datenhaltung beim Entwurf integrierter Schaltungen konzipiert.

Das Datenaustausch- und Archivierungsformat für CAD/CAM-Systeme IGES (Initial Graphical Exchange Specification) ist ein international anerkannter Standard, der seit 1979 unter der Leitung des U.S. National Bureau of Standard (NBS) entwickelt wird. IGES beschreibt nicht nur graphische Daten, sondern allgemein Objekte, die beim rechnergestützten Entwerfen und Konstruieren behandelt werden. Die IGES-Norm verwendet daher die Bezeichnung "Digital Representation of Product Definition Data". IGES, 1981 in die amerikanische Norm ANS Y14.26M aufgenommen, ist eine der ersten genormten CAD-Schnittstellen. Version 1 der IGES-Spezifikation behandelte in erster Linie Produktdaten aus dem Bereich des Maschinenbaus. Inzwischen wird IGES allgemein für die Übertragung und Archivierung dreidimensionaler Objekte, auch für den Bereich Elektrik und Elektronik, erweitert. Damit wird ein einziges Modell für die verschiedensten Bereiche der Technik angestrebt. Hier ist ein langwieriger und langsamer Abstimmungs- und

Integrationsprozeß zu erwarten. Ein Format speziell für den Bereich des Entwurfs elektronischer Schaltungen kann effektiver entwickelt werden und schneller allgemein verfügbar sein. Mit diesem •Vorteil kann EDIF zu einem de facto-Standard werden, bevor die Normung von IGES abgeschlossen ist.

Die größte Bedeutung für den Bereich elektronischer Schaltungen hat bisher VHDL erlangt. VHDL (VHSIC Hardware Description Language) wurde in den letzten 5 Jahren von Industrieunternehmen und Forschungsinstituten im Rahmen des Very High Speed Integrated Circuit (VHSIC)-Programms im Auftrag des U.S. Department of Defense (DoD) entwickelt. Es erlaubt den Entwurf und die Dokumentation digitaler Schaltungen, von der Systemebene bis hin zur Gatterebene; es bietet aber auch den syntaktischen Rahmen, die Geometrie von Schaltkreisen zu beschreiben. Die erste Sprachbeschreibung wurde 1984 veröffentlicht. Sie orientierte sich vorwiegend an dem Entwurf bipolarer Schaltkreise; MOS-Schaltkreise sind nur eingeschränkt beschreibbar. VHDL, deren Syntax und Semantik von der Programmiersprache ADA abgeleitet sind, wird inzwischen durch eine Reihe von Werkzeugen, wie Compiler, Analyzer und Simulator sowie durch eine Entwurfsdatenbank unterstützt. Es existiert außerdem umfangreiche Literatur und Dokumentation. Die VHDL-Programme sind auf IBM- und DEC-Rechnern lauffähig. Übertragungen auf eine Reihe anderer Rechner, insbesondere auf Workstations, sind angekündigt. VHDL ist im militärischen Bereich vom DoD als de facto-Standard bereits durchgesetzt und von der Industrie akzeptiert. Für den nicht-militärischen Bereich standen die VHDL-Werkzeuge jedoch nicht zur Verfügung. Die Standardisierungsbestrebungen hier, die nicht zuletzt auch die EDIF-Entwicklung initiierten, führten dazu, daß die Version 7.2 der Sprachbeschreibung von VHDL als erster Vorschlag zur Standardisierung bei IEEE eingereicht wurde. Inzwischen wird dieser Normungsvorschlag in der hierfür gegründeten VHDL Analysis and Standardization Group (VASG) der IEEE CS DATC DASS diskutiert.

EDIF und VHDL überschneiden sich in einigen Bereichen, aber vor allem ergänzen sie sich. VHDL bietet eine umfassende Entwurfsumgebung, EDIF dagegen ist als reines Datenaustauschformat zwischen verschiedenen Entwurfsumgebungen angelegt. VHDL unterstützt vorwiegend die oberen Ebenen des Schaltungsentwurfs bis hin zur Gatterebene, EDIF die unteren bis zur Maskenebene. Außerdem beinhaltet EDIF die Beschreibung von Leiterplatten, der Bereich PCB ist in der derzeitigen VHDL-Beschreibung nicht enthalten. Eine Einbeziehung sowohl von VHDL als auch von EDIF ist für den Bereich des Tests von Schaltungen im Tester Independent Support Software System (TISSS), das im Auftrag des Rome Air Development Center (RADC) entwickelt wird, vorgesehen.

6. Ausblick

Das Datenaustauschformat EDIF hat inzwischen in Veröffentlichungen und Vorträgen zur Problematik des Austausches von Entwurfsdaten im mikroelektronischen Bereich einen festen Platz eingenommen. Es bietet eine Standardschnittstelle zwischen allen CAD-Werkzeugen, die zum Entwurf, zum Test und zur Herstellung elektronischer Schaltungen auf verschiedenen Systemen eingesetzt werden. Die weitere Entwicklung von EDIF wird wesentlich davon abhängen, inwieweit es sich bei der Normungsdiskussion durchsetzen wird. Es ist zu erwarten, daß die zukünftige Norm sowohl von VHDL als auch von EDIF geprägt sein wird.

Die Grundlage für eine Standardisierung nach dem EDIF-Konzept ist jedoch, daß EDIF durch den Einsatz von möglichst vielen Anwendern in Industrie und Forschung erprobt und im wesentlichen aufgrund dieser Erfahrungen weiterentwickelt wird. Es wird trotz des breit angelegten Stabilisierungsprogramms noch ein langer Weg durch technische Arbeitsgruppen und vor allem durch die Normungsgremien zurückzulegen sein.

7. Literatur

/1/ EDIF Steering Committee: Electronic Design Interchange Format, V 111; 1986

/2/ John P. Eurich: A tutorial introduction to the Electronic Design Interchange Format; Proc. 23rd DAC, 1986, pp. 327-333

/3/ Esther Marx, Hart Switzer, Mike Waters: EDIF format brings uniformity to CAE/CAD-data; EDN, January 1987, pp. 153-158

/4/ Mike Waters, Esther Marx, Hart Switzer: Use an interchange format to port component libraries; EDN, February 1987, pp. 175-183

/5/ Wolfgang Nebel: EDIF - bald ein neuer Standard ?; Elektronik, November 1986, Seite 166-169

/6/ Al Lowenstein, Greg Winter: Importance of Standards; Proc. 22nd DAC, 1985, pp. 88-92

/7/ E. Abel, A. Kaesser, H.T. Vierhaus, K. Woelcken: Cooperation between Universities, Research Institutions and Industry for the Design of IC's; Proc. 5th International Conference on Custom and Semicustom ICs 1985

/8/ Commission of the European Communities: ESPRIT Project Synopses; April 1986

/9/ Gerd Sandweg, Carlo H. Sequin: Entwurfsautomatisierung bei höchstintegrierten Schaltungen; Informatik-Spektrum 9/1986, Seite 247-252

/10/ U. Joos, H. Leßenich, J. Funke, J. Deinwallner: Standardschnittstellen zur Kopplung von CAE-Systemen; in: Informatik in der Praxis - Aspekte ihrer industriellen Nutzung, hrsg. von H. Schwärtzel, 1986

/11/ Robert Piloty, Bernhard Weber: IREEN - eine universelle Datenbank-Schnittstelle für CAD-Werkzeuge; September 1986

/12/ Robert Piloty et al.: CONLAN Report; Januar 1983

/13/ Ron Waxman: Hardware Design Languages for Computer Design and Test; Computer, April 1986, pp. 90-97

/14/ Moe Shahdad: An Overview of VHDL Language and Technology; Proc. 23rd DAC, 1986, pp. 320-326

/15/ J.H. Aylor, Ron Waxman, C. Scarratt: VHDL - Feature Description and Analysis; IEEE Design & Test, April 1986, pp. 17-27

Austausch graphischer VLSI-Entwurfsdaten mit EDIF

M.H. Ungerer
Technische Hochschule Darmstadt
Fachgebiet Graphisch-Interaktive Systeme

1. Einleitung

Ein Designer elektronischer Schaltungen findet in nahezu allen Phasen des Entwurfszyklus Unterstützung durch CAD- und CAE-Systeme. Dabei stehen ihm in zunehmenden Maße Workstations für den Entwurf integrierter Schaltkreise zur Verfügung.

Durch die Entwicklung einer Vielzahl an CAD/CAE-Systemen und Programmen wird der Elektronik-Ingenieur in die Lage versetzt, aus einer ständig steigenden Anzahl an Entwurfswerkzeugen die für ihn geeigneten und für die gestellten Aufgaben erforderlichen Komponenten zusammenzustellen. Das steigende Angebot an Halbleiterfertigungsstätten, insbesondere auf dem Markt der Semi-Custom Produkte, erlaubt es ihm zusätzlich, zwischen verschiedenen Herstellern und Prozessen zu wählen.

Somit steht dem Designer prinzipiell ein großes Angebot an Entwurfssystemen und Fertigungsmöglichkeiten offen. Ihm bietet sich damit jedoch keine integrierte Gesamtlösung, sondern eine Sammlung individueller Systeme, die unabhängig voneinander entwickelt wurden und kaum aufeinander abgestimmt sind. Insbesondere verwenden die meisten Systeme eine eigene interne Datenhaltung. Neben der Erfassung und Speicherung von Daten ist auch ein Austausch von Daten erforderlich. Genauso wie der Austausch von Software über Programmlisten eine ungeeignete Methode ist, müssen elektronische Entwurfsdaten in einer Form ausgetauscht werden, die es dem Empfänger ermöglicht, die Daten direkt in seinem System zu verwenden. Die großen Datenmengen, die bei Entwürfen elektronischer Schaltungen üblicherweise entstehen, erfordern daneben eine korrekte, automatische Eingabe in das CAD-System des Empfängers.

Die große Vielfalt von Halbleiterherstellern und CAD-Systemen mit typischerweise unterschiedlichen eigenen Datenformaten und dadurch notwendigen Umsetzungen lassen dem Datenaustausch eine wachsende Bedeutung zukommen. Die Schwierigkeiten, Daten im richtigen Format aufzubereiten, beschränken die an sich große Auswahl an Werkzeugen und Fertigungsstätten auf einige wenige.

Die wachsenden Probleme, Daten zwischen in-House Entwurfssystemen (Workstations), von und zu Halbleiterherstellern oder automatischen Testsystemen zu transferieren, und die Interkommunikation zwischen Workstations erzwingen die Entwicklung eines Standardaustauschformates für elektronische Entwurfsdaten.

2. Anforderungen an ein Standard-Datenaustauschformat

Ein gemeinsames Datenaustauschformat vereinfacht die Übertragung von Entwurfsdaten wesentlich. Während für den Datenaustausch zwischen n verschiedenen Partnern ohne ein gemeinsames Format $O(n^2)$ Post- und Präprozessoren benötigt werden, reduziert ein gemeinsames Datenformat die Anzahl der Formatwandler auf $O(n)$.

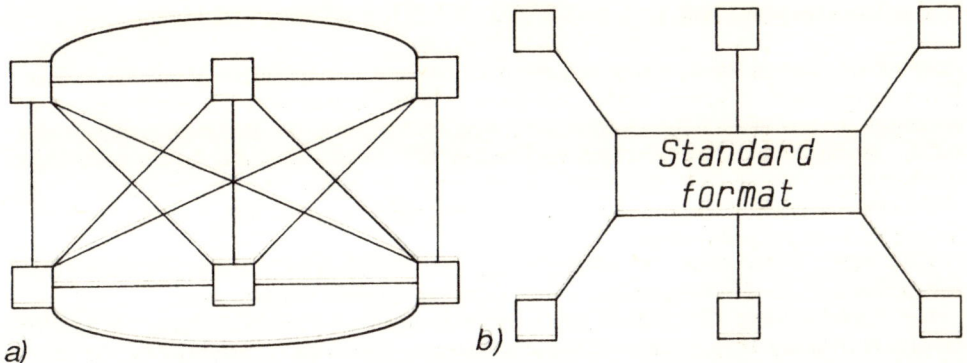

Abb. 1 a,b: Datenaustausch (a) ohne und (b) mit Standardformat

Obwohl in den letzten zehn Jahren mehrere Austauschformate entwickelt und eingesetzt wurden, eignete sich keines als allgemein akzeptierter Standard. Sie hatten entscheidende Nachteile wie:

- Eng begrenzte Verwendung
- Eigentumsrechte
- Schwierigkeiten bei der Implementierung
- mangelnde Erweiterbarkeit

Viele Formate decken nur einen Teilbereich der gesamten Entwurfsdaten ab und können daher nur in *eng begrenzten* Anwendungen ihren Einsatz finden. Um mehrere Sichten eines Entwurfes, wie z.B. Netzlisteninformationen und Maskenlayout-Beschreibungen zu übertragen, sind verschiedene Formate notwendig. Es lassen sich nicht alle Sichten in einem einzigen Format beschreiben.

Viele Formate sind *Eigentum* einzelner Halbleiter- oder Workstation-Hersteller und daher nicht ohne weiteres in anderen Umgebungen verwendbar.

Mit der Weiterentwicklung eines Formates wird es oft zunehmend *schwierig*, Parser- oder Generator-Software zu *implementieren*. Nach einer Änderung der Spezifikation muß oft die Software umgeschrieben werden.

Neue Entwurfsmethoden erfordern die Beschreibung zusätzlicher Daten, um die ein Format *erweitert* werden muß. In vielen Formaten ist es schwierig, diese zusätzlichen Informationen zu integrieren. Dies gilt insbesondere, wenn Aufwärtskompatibilität gefordert ist.

An ein neues Standardaustauschformat sind daher einige Forderungen zu stellen:

- Es muß universell verwendbar sein. Das heißt, es darf nicht nur einzelne Aspekte eines Entwurfes unterstützen, sondern muß Beschreibungsmöglichkeiten für alle im Entwurfszyklus möglichen Daten von logischer Verhaltensbeschreibung bis zu Maskenlayout bieten.
- Das Format darf weder *Eigentum* einer Firma noch firmenspezifisch sein. Es sollte der Datenaustausch vom Hersteller zum Entwerfer und ebenso der umgekehrte Weg unterstützt werden.
- Die *Implementierung* von Formatwandlern muß einfach sein, um die Entwicklung für eine Vielzahl von Systemen zu fördern.
- Die *Erweiterbarkeit* des Formates ist ein wichtiger Gesichtspunkt, damit zum einen neue Entwurfsmethoden und Technologien Eingang finden können und zum anderen die Spezifikation schrittweise erfolgen kann (Basisdefinition und Erweiterungen).

Das in den folgenden Kapiteln vorgestellte Electronic Design Format (EDIF) wurde unter diesen Gesichtspunkten entworfen.

3. Das Konzept von EDIF

EDIF ist ein noch in Entwicklung befindlicher Standard. Verschiedene Versionen wurden bisher freigegeben. Näheres findet sich dazu in dem Beitrag über die EDIF Standardisierung in diesem Buch. Die nachfolgende Beschreibung und die Beispiele beziehen sich auf die im November 1985 erschienene Version 110. Auch wenn die für Frühjahr 1987 angekündigte Version 200, die aufwärtskompatibel für alle weiteren Version sein soll, zahlreiche Änderungen enthält, werden die im folgenden vorgestellten Konzepte in ihrem Grundgehalt weiter gültig sein.

Eine EDIF Datei dient zur Übermittlung von einem oder mehreren vollständigen Entwürfen, von unvollständigen Entwürfen, oder von Bausteinbibliotheken.

Der Sprachumfang läßt sich in drei aufwärtskompatible Ebenen einteilen. Mit *EDIF Level 0* besteht die Möglichkeit, nicht parametrisierte Entwürfe zu beschreiben. In *EDIF Level 1* können Zellen durch Verwendung von Variablen parametrisiert werden. Zur Darstellung prozeduraler Entwürfe können in *EDIF Level 2* von Programmiersprachen bekannte Konstrukte benutzt werden.

Die folgenden Abschnitte enthalten die Basiskonzepte von EDIF und eine detaillierte Beschreibung der graphischen Darstellungsmöglichkeiten in EDIF.

3.1. Syntax und Struktur von EDIF

Die Struktur von EDIF ist vergleichbar mit der einer nicht ausführbaren, blockstrukturierten Programmiersprache. Obwohl die EDIF Syntax auf der Programmiersprache LISP basiert, ist EDIF keine Programmiersprache. Es ist als reines Datenaustauschformat konzipiert. Den "Atomen" von Lisp entsprechen in EDIF primitive Daten (*primitive data*) wie *string*, *number*, *identifier* oder *port*. Komplexere Strukturen entstehen aus der Bildung parametrisierter Listen, welche entweder einfache Datenelemente oder wiederum Listen gleicher Struktur als Elemente enthalten.

Das erste Element einer derartigen Liste ist immmer ein Schlüsselwort. Mit der Definition des Formates werden die Schlüsselworte reserviert und die Bedeutung der nachfolgenden Elemente durch ihre Position in der Liste festgelegt. Diese Form der Syntax bietet zwei Vorteile:

- Sie ist sehr einfach und kann daher leicht geparst werden.
- Da die semantische Bedeutung durch die Schlüsselworte und nicht durch die Syntax ensteht, kann das Format auf einfache Weise erweitert werden.

Entsprechend der Entwicklung von neuen Entwurfsmethoden und Technologien können neue Schlüsselworte hinzugefügt und Listen erweitert werden, ohne daß an existierenden Parsern Änderungen durchgeführt werden müssen. Sie können unverändert weiterarbeiten, indem nicht erkannte Elemente einfach ignoriert werden, während neu entwickelte oder erweiterte Parser die neu hinzugekommenen Informationen verarbeiten können. Neben einfacher Implementierbarkeit ist dadurch auch eine Aufwärtskompatibilität gewährleistet.

Wie bereits erwähnt wurde, war eine der zu erfüllenden Anforderungen bei der Entwicklung von EDIF, alle Informationen, die im elektronischen Entwurf vorkommen, darstellen zu können. Dies impliziert jedoch nicht, daß in **einer** EDIF Datei die vollständigen Daten eines Entwurfs enthalten sein müssen. Eine EDIF Datei kann durchaus nur partielle Beschreibungen eines Entwurfs enthalten, wenn diese Teile für die Anwendungen des Empfängers ausreichen oder durch beiden Partnern bekannte Teile ergänzt werden. Ein Halbleiterhersteller kann z.B. seinen Kunden eine Datei mit der Beschreibung seiner Technologie oder mit einer Bibliothek für Makrozellen schicken. Andererseits könnte der Kunde Teilelisten, Netzlisten oder Layoutinformationen erstellen und diese zusammmen mit Anweisungen an den Hersteller senden. EDIF verbindet die Möglichkeit, alle diese Daten in einer einzigen Datei auszutauschen, mit der Freiheit, nur Teilaspekte auszutauschen.

Nach dieser allgemeinen Einführung in die Struktur von EDIF sollen nun die Listen genauer betrachtet werden. Eine EDIF Beschreibung stellt eine Hierarchie dar, die nach unten immer detailliertere Informationen enthält und in der obersten Schicht alle für den Entwurf gelieferten Daten in einer einzigen Datei zusammenfaßt. Eine Datei kann verschiedene Entwürfe und verschiedene Bibliotheken mit Definitionen von Zellen enthalten. Vier verschiedene Arten an Informationen können auf der obersten Hierarchiestufe unterschieden werden (Abb. 2):

- Status
- Design
- Library
- User data

(edif EXAMPLE
  (status ...)
  (design BARREL_SHIFTER ...)
  (design EXAMPLE1 ...)

    .
    .

  (library ECL100K ...)
  (library NMOSLIBRARY ...)

    .
    .

)

Abb. 2: Beispiel für eine EDIF Datei

Der *Status* Block enthält Informationen, die den Zustand einer EDIF Datei und der darin enthaltenen Objekte dokumentieren. Dazu gehören die Version von EDIF, unter welcher die Daten geschrieben wurden, das Datum der Erzeugung und Angaben über den Autor oder über Programme, von denen die Daten stammen. Ein Status Block kann in einer Vielzahl von EDIF Konstrukten erscheinen, um z.B. den Zustand der gesamten Datei oder einzelner Bibliotheken und Zellen zu dokumentieren. Das folgende Beispiel gibt einen Einblick in den Aufbau eines Status Blocks:

(status
  (edifversion 1 1 0)
  (ediflevel 0)
  (written
    (timestamp 1986 08 22 16 30)
    (accounting author "M. Ungerer")
    (accounting program "editor")
)
)

Die durch die Schachtelung von EDIF Konstrukten (Klammerung) entstehende Hierarchie darf nicht mit der Entwurfshierarchie verwechselt werden. Der Notwendigkeit der hierarchischen Strukturierung elektronischer Entwürfe trägt EDIF durch das Instantiierungskonzept Rechnung. Jede Zelle kann Instanzen anderer Zellen enthalten. Eine Begrenzung der Instantiierungstiefe ist dabei nicht vorgegeben.

Der *Design*Block liefert einen Einstiegspunkt in die EDIF Datei, um die Daten eines bestimmten Entwurfes zu finden. Mit der eindeutigen Identifizierung einer einzelnen Zelle in einer Bibliothek als oberste Ebene, d.h. als abstrakteste Beschreibung eines Entwurfs, wird der Ausgangspunkt für die Extraktion der Daten eines Entwurfs festgelegt.

Alle wichtigen Entwurfsinformationen einschließlich der Zelldefinitionen und dazuge-hörigen Technologie-Informationen sind in dem EDIF-Konstrukt *Library* enthalten. Eine Bibliothek enthält Zellen, die auf Grund gemeinsamer Eigenschaften zusammengefaßt wer-den. In einer EDIF Datei können mehrere Bibliotheken für eine Anzahl von Technologien vorhanden sein. Die gemeinsamen Eigenschaften müssen dann nur einmal je Bibliothek beschrieben werden und nicht einzeln für jede Zelle. Die strukturelle Entwurfshierarchie wird durch Instanzenbildung anderer Zellen innerhalb einer Zelle und nicht durch die Definition von Zellen in Zellen ausgedrückt. Weder Bibliotheken noch Zellen können geschachtelt werden (Abb. 3).

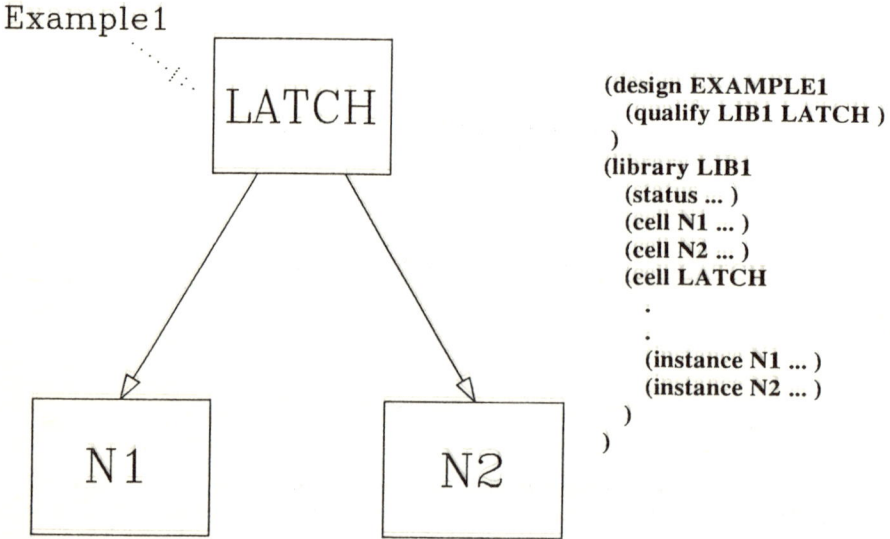

```
(design EXAMPLE1
   (qualify LIB1 LATCH )
)
(library LIB1
   (status ... )
   (cell N1 ... )
   (cell N2 ... )
   (cell LATCH
      .
      .
      .
      (instance N1 ... )
      (instance N2 ... )
   )
)
```

Abb. 3: Entwurfshierarchie in EDIF

Das Beispiel zeigt einen hierarchischen Entwurf mit Namen EXAMPLE1. Die Wurzelzelle bildet die Zelle LATCH aus der Bibliothek LIB1. Sie besitzt als Unterzellen N1 und N2.

Mit dem *User Data* Block können Benutzererweiterungen dargestellt werden. Er beschreibt Informationen, die sonst in EDIF nicht darstellbar wären wie z.B. lokale Erweiterungen. Häufige Benutzung eines Userdata Konstrukts sollte zu der Überlegung führen, dieses Konstrukt in zukünftige Erweiterungen von EDIF einzubeziehen. Es gibt keine festgelegte Semantik für solche Konstrukte; die Syntax schreibt lediglich vor, daß ein Userdata selbst eine EDIF-Struktur besitzen muß, d.h. aus einem (selbst definierten) Schlüsselwort und primitiven Daten oder Listen als Elemente zu bestehen hat. Jede Verwendung erfolgt entweder nur innerhalb einer Entwurfsumgebung oder muß im voraus zwischen den am Datenaustausch beteiligten Parteien abgesprochen werden.

Jede einzelne Zelle in einer Bibliothek kann in verschiedenen Repräsentationen dar-gestellt werden. EDIF stellt dazu das Konstrukt *View* zur Verfügung. Ein View kann als eine spezielle Sicht auf die Informationen, die eine Zelle enthält, gesehen werden. Eine Zelle kann mehrere Repräsentationen, die jeweils verschiedene Aspekte der Zelle darstel-len, enthalten. Da die meisten Anwendungsprogramme eine spezielle, eingeschränkte Sicht haben, werden sie in der Regel höchstens ein oder zwei Views gleichzeitig verwen-den. Ein Design Rule Checker z.B. wird sich nur mit der Geometrie auf Maskenebene befassen, während ein Logik-Simulator auf Netzlisten arbeitet.

Die Unterschiede zwischen den einzelnen Sichten liegen in der Art der Informationen, die sie enthalten können. EDIF unterstützt momentan sieben verschiedene Sichten:

- Mask Layout
- Netlist
- Schematic
- Symbolic
- Behaviour
- Document
- Stranger

- Die Sicht *Mask Layout* beschreibt Geometrien und enthält Informationen, wie die geometrischen Beschreibungen interpretiert und dargestellt werden müssen. In einem Mask Layout können geometrische Objekte vorkommen; Konnektivitätsinformationen sind darin nicht zu finden.
- Die Sicht *Netlist* ermöglicht die Übertragung von Konnektivitätslisten. Sie kann keine geometrischen Figuren enthalten.
- Mit der Sicht *Schematic* können logische Schaltungsdiagramme übertragen werden.
- Zur Unterstützung von symbolischen Layoutbeschreibungen wurde die Sicht *Symbolic* eingeführt.
- Die Darstellung von Schaltkreisen und logischem Verhalten nebst Testmustern und Simulationsdaten wird von der Sicht *Behaviour* abgedeckt.
- Die Sicht *Document* präsentiert eine textuelle und graphische Beschreibung des Entwurfs. Dazu können auch geometrische Figuren und Zellen mit anderen Sichten eingefügt werden.
- Letztendlich gibt es noch die Sicht *Stranger* für alle Daten, die in die obigen Sichten nicht hineinpassen. Im Gegensatz zu dem Konstrukt *user data*, das beliebige vom Benutzer definierte Statements enthalten darf, sind in der Sicht Stranger nur EDIF-Konstrukte irgendeiner Sicht erlaubt.

Jede Sicht einer Zelle kann in zwei Komponenten unterteilt werden:

- Interface
- Contents

- Der *Interface* Block beschreibt die Schnittstelle zwischen der Zelle und ihrer Umgebung. Diese Schnittstelle legt die Konventionen fest, die bei der Kommunikation zwischen einer Zelle und anderen Zellen, die diese Zelle benutzen, einzuhalten sind. Im Interface einer Zelle kann u.a. festgehalten sein, daß zwei Anschlüsse innerhalb der Zelle verbunden sind. Diese Aussage können andere Zellen, die diese verwenden, ausnutzen, ohne die interne Realisierung der Zelle zu kennen. Das Interface kann daher als Abstraktion einer Zelle bezeichnet werden.
- Die detaillierte Beschreibung einer Zelle, wie sie aus der Perspektive der spezifizierten Sicht gesehen wird, erfolgt in dem *Contents* Block. Dieser Block enthält die Einzelheiten, welche entsprechend der Perspektive variieren können. Die einzelnen Komponenten können entweder die tatsächliche Beschreibung der Zelle auf niederster Ebene oder Instanzen anderer Zellen darstellen. Der Inhalt in der Sicht Maskenlayout könnte z.B. direkt die Maskengeometrie der einzelnen Schichten (layers) sein, während der Inhalt einer Sicht Netzliste aus Instantiierungen logischer Blöcke, die einer Zellbibliothek entnommen sind, bestehen könnte.

```
(cell NAND2
  (view Symbolic LOGIC
    (interface
      (define INPUT PORT (multiple A B))
      (define OUTPUT PORT Z)
      (body (figuregroup SCHEMATICSYMBOL ... ))
    )
    (contents
      (instance NAND2PRIMITIVE LOGIC N2)
    ))
  (view masklayout PHYSICAL
    (interface
      (define INPUT PORT (multiple A B))
      (define OUTPUT PORT Z)
      (define INOUT PORT (multiple VCC VDD))
      (body (figuregroup METAL ... ))
    )
    (contents
      (figuregroup METAL (polygon ...) ...)
    ))
  (view document TEXT
    (contents
      (section "NAND2 - IT USES" "THE NAND2 ....")
    )
  )
)
```

Abb. 4: Sichten in EDIF

4. Darstellung graphischer Beschreibungen

4.1. Grundprimitive

EDIF besitzt acht Grundelemente zur Darstellung geometrischer Informationen in Maskenlayouts, schematischen Diagrammen oder Dokumentationen:

- Shape
- Polygon
- Rectangle
- Circle
- OpenShape
- Path
- Dot
- Annotate

Mit diesen Grundelementen lassen sich Flächen und Linien mit geraden oder gekrümm-
ten Kanten, Punkte und Texte erstellen. Einige Elemente stellen Spezialfälle von anderen
Elementen dar und werden zur Optimierung angeboten (z.B. ein Rechteck als spezielle
Ausprägung einer geschlossenen Fläche).

Zur näheren Beschreibung aller geometrischen Grundelemente, einschließlich Linien
und gefüllte Flächen, existiert in EDIF der Datentyp "Punkt". Er wird durch das
Schlüsselwort *Point*, gefolgt von zwei Integer-Werten, definiert. Der erste Wert bezeichnet
die x-Koordinate, der zweite die y-Koordinate:

(point 20 50)

Beliebige geschlossene Flächen können mit dem EDIF-Konstrukt *Shape* dargestellt werden. Dabei muß die Einschränkung beachtet werden, daß sich Kanten nicht überschneiden, jedoch überdecken dürfen. Gekrümmte Kanten lassen sich mit Hilfe des Konstrukts *Arc* beschreiben. Der Kreisbogen wird durch Anfangspunkt, Endpunkt und einen beliebigen Punkt auf dem Bogen eindeutig definiert. Gerade Kanten entstehen durch einfache Aneinanderreihung von Punkten. Da eine Fläche per Definition geschlossen sein muß, wird bei Ungleichheit von erstem und letztem Punkt implizit ein gerades Segment vom ersten zum letzten Punkt ergänzt. Abbildung 5 zeigt eine geschlossene Fläche und die entsprechende Darstellung in EDIF.

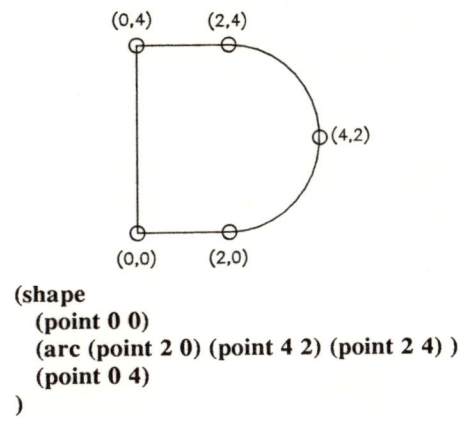

```
(shape
    (point 0 0)
    (arc (point 2 0) (point 4 2) (point 2 4) )
    (point 0 4)
)
```

Abb. 5: Geschlossene Fläche

Falls nur Flächen mit geraden Kanten darzustellen sind, wie es bei Maskenlayout üblich ist, kann das Konstrukt *Polygon* verwendet werden. Eine Menge von Punkten definiert hierbei den Polygonzug, der die Fläche begrenzt. Auch hier gilt, daß sich Kanten nicht überschneiden dürfen. Die Möglichkeit der Überdeckung von Kanten läßt sich ausnutzen, um z.B. eine Fläche mit einem Loch in der Mitte zu definieren (Abb. 6).

Beim Entwurf elektronischer Schaltkreise werden häufig geometrische Objekte mit rechteckiger Form verwendet. Mit dem EDIF Konstrukt "Polygon" (Abb. 7a) kann ein Rechteck wie in Abbildung 7b dargestellt werden. Diese etwas längliche Beschreibung läßt sich durch das Konstrukt *Rectangle* kürzer darstellen. Die beiden Punkte definieren die Diagonale eines achsenparallelen Rechtecks (Abb. 7c).

Das nächste Konstrukt ist ein Spezialfall des oben beschriebenen Elements "Shape". Die komplexe Beschreibung eines Kreises als geschlossene Fläche mit gekrümmten Kanten läßt sich durch das Grundelement *Circle* vereinfachen. Mit zwei Punkten wird der Durchmesser eines Kreises definiert. Abbildung 8 zeigt einen Kreis um den Ursprung mit Radius 2.

Die nächsten beiden Konstrukte definieren Linien. Auch hier kann zwischen Grundelementen mit geraden und gekrümmten Kanten unterschieden werden. Beliebige Kanten bietet das EDIF Konstrukt *OpenShape*. Seine Syntax entspricht der des EDIF-"Shape". Hier wird jedoch keine Fläche sondern eine Linie beschrieben. An ein "Openshape" werden andere Attribute gebunden. Für Flächen existiert u.a. das Attribut Füllmuster, für Linien u.a. die Linienbreite. Auf das Setzen von Attributen wird weiter unten noch genauer eingegangen.

Dem im VLSI Entwurf häufigen Vorkommen von Pfaden mit geraden Liniensegmenten wird durch das Grundelement *Path* Rechnung getragen. Zur Definition reicht die Aufzählung der Punkte aus (Abb. 10).

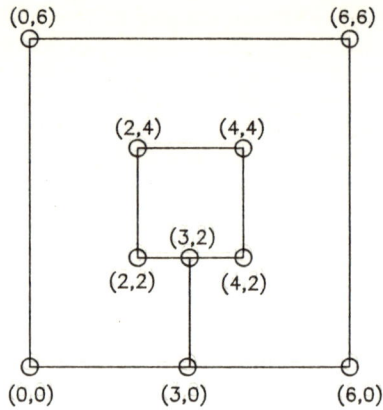

```
(polygon
    (point 0 0) (point 0 6) (point 6 6) (point 6 0) (point 3 0)
    (point 3 2) (point 4 2) (point 4 4) (point 2 4) (point 2 2)
    (point 3 2) (point 3 0)
)
```

Abb. 6: Polygon

Das Grundelement *Dot* wird durch einen einzelnen Punkt definiert. Seine Anwendung erfolgt in schematischen Diagrammen oder an anderen Stellen, wo ein Marker benötigt wird. Für einen "Dot" werden weder die Größe noch die Form spezifiziert; die tatsächliche graphische Darstellung bleibt der Implementierung überlassen. Aus diesem Grund kann das Primitiv auf keinen Fall in einem Maskenlayout vorkommen. Zur Darstellung eines Punktes muß hier ein entsprechend dimensioniertes Element Kreis ("circle") verwendet werden.

(dot (point 0 0))

Das Grundelement *Annotate* kann, mit Einschränkungen, zur Darstellung von Texten angewendet werden. Es erlaubt, einen Text innerhalb eines rechteckigen Bereichs zu plazieren. Notwendige Angaben sind der Textstring, die Diagonale des umschreibenden Rechtecks und die Ausrichtung. Die aktuelle Characterdarstellung bleibt dabei unspezifiziert. Es wird lediglich garantiert, daß der Text innerhalb der angegebenen Fläche und für jede Verwendung der beinhaltenden Zelle lesbar erscheint. Die Schreibrichtung muß daher unabhängig von Rotation oder Spiegelung der Zelle immer rechts bleiben. Die Ausrichtung legt fest, wie der Text erscheinen soll, falls das Rechteck wesentlich größer als der Text selbst ist (z.B. nach einem Zooming). Das umfassende Rechteck unterliegt den gleichen Transformationen wie andere Darstellungselemente, sodaß die Textfläche in konstantem Verhältnis zu den anderen geometrischen Daten bleibt; Text kann am Rechteck geklippt werden. Die Ausrichtung erfolgt vor der Transformation.

Der "Annotate" Text dient zur Darstellung von graphischen Kommentaren vorwiegend in schematischen Diagrammen oder Dokumenten. Er ist nicht für Textausprägungen, die in einem realen Layout erscheinen sollen, geeignet. Wie dennoch graphischer Text, der fabriziert werden soll, in EDIF dargestellt werden kann, wird weiter unten an einem Beispiel beschrieben.

```
(polygon
  (point 0 0)
  (point 6 0)
  (point 6 4)
  (point 0 4)
)
```

a)

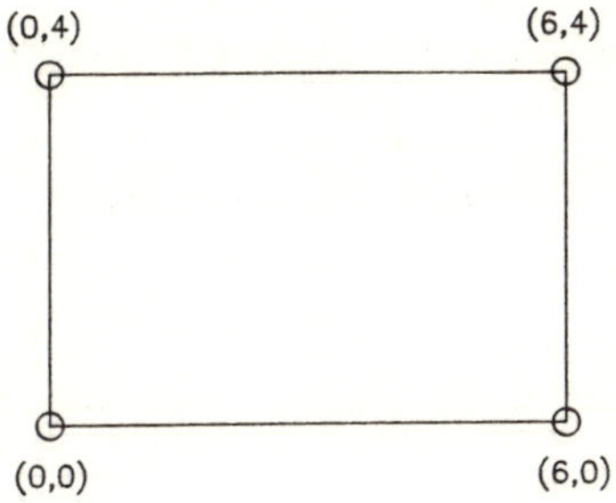

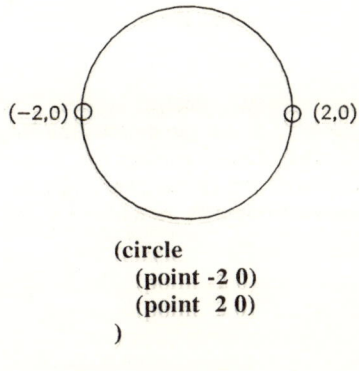

b)

```
(rectangle          (rectangle
  (point 0 0)  oder   (point 0 4)
  (point 6 4)         (point 6 0)
)                   )
```

c)

Abb. 7 a-c: Darstellung eines Rechtecks

```
(circle
  (point -2 0)
  (point  2 0)
)
```

Abb. 8: Kreis

4.2. Definition von Figure Groups

Zur Beschreibung von Zellen in einer EDIF Datei werden Grundelemente zusammengefaßt und dabei einer Gruppe, einer sogenannten *Figuregroup* zugeordnet. Den Elementen einer Gruppe werden gemeinsame Eigenschaften, wie Linienbreite, Linientyp, Füllmuster oder Zugehörigkeit zu einer bestimmten Maskeneben, zugewiesen.

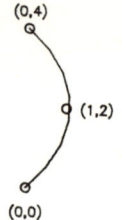

```
(openShape
  (arc (point 0 0) (point 1 2) (point 0 4) )
)
```

Abb. 9: Offene Fläche

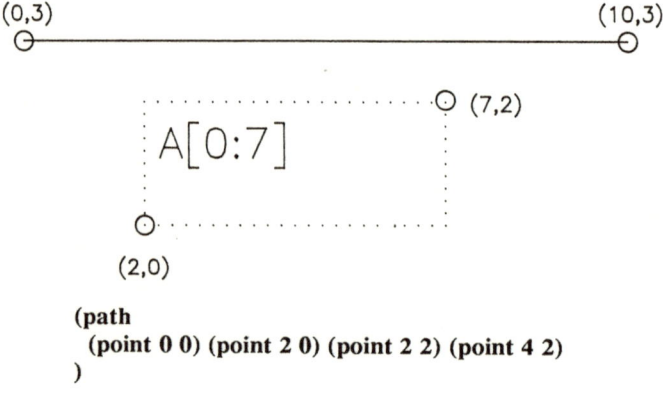

```
(path
  (point 0 0) (point 2 0) (point 2 2) (point 4 2)
)
```

Abb. 10: Pfad

Die Definition einer "Figuregroup" erfolgt in der Technologiebeschreibung einer Bibliothek. Darin wird festgelegt, wie die geometrischen Beschreibungen der Gruppe zu interpretieren und darzustellen sind. Dabei werden der Typ (z.B. OUTPUT für Elemente, die für die Fabrikation gedacht sind) und Defaultwerte für die Attribute der Grundelemente, die mit der Figuregroup assoziiert werden, beschrieben. Es können die folgenden Attribute vorbelegt werden:

- PathType
- Width
- Color
- FillPattern
- BorderPattern

- Mit dem Attribut *pathType* können für einen Path die Darstellung der Enden und Ecken beeinflußt werden. Es sind die Werte EXTEND, TRUNCATE und ROUND zulässig.
- Das Attribut *width* legt die Breite eines Elements vom Typ "path" fest.
- *Color* definiert die Farbe für jedes Grundelement. Für die Grundfarben Rot, Grün und Blau kann der Sättigungsgrad in Prozent spezifiziert werden.
- *FillPattern* definiert das Füllmuster für Flächen wie Shape und Polygon. Als Paramter sind die Zeilen- und Spaltenlänge sowie ein sich wiederholendes Bitmuster angebbar.
- *BorderPattern* legt die Umrandung einer Fläche fest. Das angegeben Pixelmuster wird zyklisch repetiert.

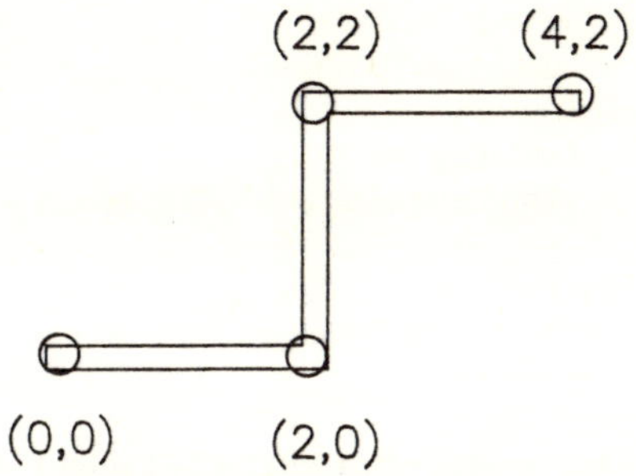

(2,2)   (4,2)

(0,0)   (2,0)

```
(path (point 0 3) (point 10 3) )
(annotate
   "A[0:7]"
   (point 2 0) (point 7 2)
   UPPERLEFT
)
```

Abb. 11: Text

```
(technology nmosMC
   :
   :
   (define OUTPUT FIGUREGROUP
      (multiple NP NM NC)
   )
   (figureGroupDefault
      (figureGroupSpecification NP
         (pathType TRUNCATE ROUND)
         (width 400)
         (color 100 0 0)
         (fillPattern 4 4 "1010010110100101")
         (borderPattern 1 "1")
      )
      (figureGroupSpecification NM .....)
      (figureGroupSpecification NC .....)
   )
)
```

Abb. 12: Definition einer Figure Group

Bei der Zusammenfassung von Grundelementen wird die entsprechende Figure Group referenziert, wobei die Default Attribute durch aktuelle Werte überschrieben werden können. Abbildung 12 verwendet die obige Definition von Figure Groups.

```
(cell MPContact
  (view maskLayout Physical
    (contents
      (figureGroup NP
        (rectangle (point -400 -400) (point 400 400) )
      )
      (figureGroup
        (figureGroupSpecification NM
          (width 500)
        )
        (rectangle (point -600 -600) (point 600 600) )
      )
      (figureGroup NC ..... )
    )
  )
)
```

Abb. 13: Referenzierung von Figure Groups

4.3. Verwendung von Figure Groups

Graphische Beschreibungsmittel sind bei dem Entwurf von integrierten Schaltungen zur Darstellung von logischen Diagrammen, symbolischen Layouts und Maskenlayouts erforderlich. Dieser Notwendigkeit trägt EDIF durch die Verwendung der oben beschriebenen Konstrukte in den Sichten vom Typ *Schematic*, *Symbolic* und *Masklayout* Rechnung. In der Schnittstellen- (Interface) und Inhaltsbeschreibung (Contents) von Zellen werden damit unterschiedliche Ebenen an Detaillierung und Zusammensetzung dargestellt.

Figure Groups treten direkt in dem Contents-Abschnitt von Sichten des Typs Maskenlayout auf; sie beschreiben die konkrete Maskengeometrie. Der Interface-Abschnitt repräsentiert eine Abstraktion einer Zelle. Für die abstrakte Darstellung von Zellinhalten stehen zwei Konstrukte zur Verfügung:

● Body
● Portimplementation

- Der *Body* gibt eine geometrische Beschreibung einer Zelle, wie sie aus der Sicht einer anderen Zelle bei der Instantiierung behandelt werden muß. Im einfachsten Falle kann das eine Bounding Box, welche die von der Zelle eingenommene Fläche umfaßt, sein. Der Body kann aber auch Elemente enthalten, die genauso komplex sind wie das originale Layout selbst.
- Die *Portimplementation* beschreibt die graphische Darstellung der Anschlußpunkte einer Zelle. Mit dem Konstrukt Port definierte Anschlüsse können mit der Portimplementation geometrisch beschrieben werden.

Body und Portimplementation realisieren die Verbindung zwischen verschiedenen Sichten bei einem hierarchischen symbolischen Layout. Normalerweise werden Blattzellen vom Typ "Maskenlayout" verwendet. Zellen vom Typ "Symbolic" verwenden bei der Instantiierung das Interface der Blattzellen. Der Body dient als Symbol der Blattzelle, die Portimplementation wird zur Realisierung der Verbindungen verwendet (Abb. 14).

```
(cell X
  (view MASKLAYOUT Physical
    (interface
      (define INPUT PORT A )
      (define OUTPUT PORT B)
      (portImplementation A
        (figureGroup NM ..... )
      )

      (body
        (figureGroup EMOS ..... )
      )
    )
    (contents ..... )
  )
)
(cell Y
  (view SYMBOLIC SymbolicLayout
    (interface ..... )
    (contents
      (instance X PHYSICAL X1)
      (instance X PHYSICAL X2)
      (joined (qualify X1 A) (qualify X2 B) )
    )
  )
)
```

Abb. 14: Portimplementation und Body

4.4. Transformation von Zellen bei der Instantiierung

Die mit der Beschreibung von Figuregroups festgelegte Geometrie einer Zelle enthält nur relative Koordinatenwerte, die bei der Instantiierung einer Zelle noch transformiert werden können. EDIF erlaubt bei der Instantiierung die folgenden Angaben:

- Translation
- Skalierung
- Rotation und Spiegelung

Zellen können bei der Instantiierung plaziert werden; d.h. eine *Translation* in x- und y-Richtung ist zulässig. Mehrere Zellen einer Instantiierung können mit festen Abständen plaziert werden. Auf diese Weise kann die Darstellung von graphischem Text realisiert werden (Abb. 15).

```
(instance (multiple E D I F )
  graphicsText EDIF
  (transform (translate (step 0 4 3 ) 0 ) )
)
```

Abb. 15: Graphischer Text

Obiges Beispiel erzeugt den Text "EDIF". In der Sicht "graphicsText" wurden Zellen definiert, die den Buchstaben des Alphabetes entsprechen. Für den Text "EDIF" wurden die Zellen E, D, I und F instantiiert und im Abstand von 3 Einheiten plaziert.

Eine Zelle kann sowohl in x- wie auch in y-Richtung durch Angabe des Skalierungsverhältnisses *skaliert* werden.

Die Ausrichtung der Zelle gestattet die *Rotation* um den Nullpunkt in Abstufungen von 90 Grad und die *Spiegelung* um eine der Koordinatenachsen. Rotation und Spiegelung können kombiniert werden.

5. Literatur

[CRAW84]   J.D.Crawford, R.C.Smith: An Electronic Design Interchange Format - EDIF; Proc. ICCD '84, IEEE 1984

[EDIF85]   EDIF Electronic Design Interchange Format, V 110; EDIF Steering Committee, 1985

[MARX85]   E.R.Marx: EDIF - The Standard for Workstation Intercommunication; IEEE Micro Oct.85, pp. 68-75, IEEE 1985

[UNGE86]   M.Ungerer: Ein Datenmodell für EDIF auf der Basis des Erweiterten Entity Relationship Modells; Tagungsband zum 2. E.I.S.-Workshop 86; GMD-Studien Nr. 110, März 1986

[WATE85]   M.Waters, V. LaBurda: Interchange Format Solves Problems of Design Transfer; Computer Design, September 1985, pp. 103-120

Entwurf einer EDIF-Schnittstelle zum relationalen Datenbanksystem INGRES

D.Bouillon, P.Klahold, G.Schlageter
FernUniversität Hagen
Praktische Informatik I

Zusammenfassung

Zur Unterstützung des VLSI-Entwurfsprozesses durch Datenbanksysteme ist die Sammlung der von den verschiedenen Tools benutzten Daten und deren Zusammenfassung zu einem zentralen Datenbankschema eine grundlegende Aufgabe. EDIF faßt die im VLSI-Bereich entstehenden Daten in einem Format zusammen und bietet dadurch eine mögliche Basis für das Schema einer VLSI-Datenbank.

Der Beitrag beschreibt eine Darstellungsmöglichkeit des EDIF-Formates in relationalen Datenbanken am Beispiel von INGRES. Die verwendeten Relationen und Abbildungskonzepte werden vorgestellt.

Um die Entwurfsdaten innerhalb der Datenbank in einfacher Form zu manipulieren, wurde die Datenbank um eine dem EDIF-Objektbegriff angepasste funktionale Schnittstelle erweitert. Sie ermöglicht es, einzelne Zellen, (Teile von) Zellhierarchien oder nur bestimmte Sichten (Repräsentationen) einer Zelle oder Zellhierarchie mit einfachen Kommandos zu bearbeiten.

1. Einführung

Eines der kritischen Probleme beim rechnergestützten Entwurf elektronischer Schaltkreise (VLSI Design) ist die Datenhaltung und der Datentransfer zwischen den verschiedenen am Designprozeß beteiligten Gruppen.

Durch die immer weiter zunehmende Miniaturisierung der Bauteile stieg die Zahl der verwendeten Elemente innerhalb eines Entwurfes stark an. Um den Entwurfsprozeß für den Designer zu strukturieren, wird ein Entwurf zusätzlich in verschiedenen Abstraktionsebenen (Repräsentationen) beschrieben. Der entstehende Datenumfang zur Beschreibung eines Designs ist daher beträchtlich. Zur einheitlichen Verwaltung dieser Daten wird von verschiedenen Seiten /DKML84/ /LoPl83/ die Nutzung von Datenbanken vorgeschlagen.

Zum Transfer dieser komplexen Beschreibungen während der Designphase zwischen verschiedenen Designteams oder etwa nach der Fertigstellung des Entwurfs zu den Fabrikationsstellen wurden verschiedene Transferformate entworfen, die jedoch aufgrund einseitiger Spezialisierung, zu enger Nähe zu bestimmten Herstellern oder Beschränkungen bei der Berücksichtigung neuerer Technologien nur bedingt akzeptiert wurden. Um diese Mißstände zu beseitigen, wurde EDIF (electronic design interchange format) entwickelt. EDIF stellt ein umfassendes, allgemein zugängliches und leicht erweiterbares Transferformat zur Beschreibung aller beim Entwurf anfallenden Daten dar.

In den bisher veröffentlichten Arbeiten /Edif85/ über EDIF-Anwendungen wurden lediglich Teilaspekte des Gesamtdesigns behandelt und eine Anpassung von existierenden

Werkzeugen für Test, Simulation und Masken-Layout auf der Basis einer Dateiverwaltung vorgenommen.

Es liegt jedoch auf der Hand, die in EDIF definierte Struktur von Designdaten auch als Grundlage zur Definition einer zentralen Datenbasis zu verwenden. Die vorliegende Arbeit behandelt, ausgehend vom EDIF-Format, die Entwicklung eines konzeptuellen Schemas zur Darstellung von EDIF-Entwurfsdaten im relationalen Datenbanksystem INGRES und einer operationalen Schnittstelle zu ihrer einfachen Manipulation.

Nachdem im folgenden Kapitel die wichtigsten Elemente des EDIF-Transferformates dargestellt werden, erläutert Kapitel 3 die aufgetretenen Probleme und die Prinzipien bei der Wahl des konzeptuellen Modells. Die entstehende Relationsstruktur wird an Hand eines Beispiels dargestellt. In Kapitel 4 wird die konzeptionelle Struktur der EDIF-Schnittstelle vorgestellt und die operationalen Konmponenten des Gesamtsystems beschrieben. In Kapitel 5 wird schließlich über den Stand der Implementierungen informiert und ein Ausblick über weitere Vorhaben gegeben.

2. EDIF

Jede EDIF - Beschreibung drückt eine Zellhierarchie aus, die nach unten immer detailliertere Informationen enthält und in der obersten Schicht alle für das Design gelieferten Daten in einem einzigen File zusammenstellt.

Die zu übertragenden Informationen des VLSI-designs müssen jedoch nicht unbedingt vollständig sein. Das EDIF-File kann auch nur eine partielle Definition des Design enthalten, die für die Ziele des Empfängers ausreicht oder die durch vordefinierte, auf beiden Seiten bekannte Teile (externals) ergänzt werden. Dies erfordert besondere Vorkehrungen bezüglich der Verwaltung und Weiterverarbeitung dieser unvollständigen Daten in einer zentralen Datenverwaltung.

Neben einem Status-Block, einem oder mehreren Designblöcken, die durch Angabe eines Zellnamens einen Startpunkt für die übertragenen Entwürfe definieren, beinhaltet ein EDIF-File im wesentlichen Zellbibliotheken, die wiederum die einzelnen, benutzten Zellen beschreiben. Jede Zelle kann in verschiedenen Repräsentationen dargestellt werden. EDIF bietet hier die 'views' Netlist, Schematic, MaskLayout, Symbolic, Behaviour, Document und Stranger.

Jede einzelne Zelle kann unterteilt werden in einen Zellkern (contents) und in eine Abstraktion dieser Zelle (interface). Der Zellkern einer Zellsicht umfaßt die detaillierte Implementation dieser Zelle, wie sie in der durch die Zellsicht (viewtype) spezifizierten Repräsentation gesehen wird. Die einzelnen Komponenten eines Zellkerns können durch andere Zellen als Zellvorkommen dargestellt werden (instance-Mechanismus), wodurch eine baumartige funktionelle Zellhierarchie entsteht.

Das Interface stellt eine Schnittstelle zwischen der Zellumgebung und dem Inneren der Zelle dar. Diese Schnittstelle ermöglicht die Kommunikation zwischen einer Zelle und anderen Zellen, die diese Zelle benutzen. Durch das Zellinterface werden also die Zusammenhänge innerhalb der unterschiedlichen Stufen einer Zellhierarchie ausgedrückt. In diesem Sinn dient das Zellinterface als eine Abstraktion der Zelle, wobei ihre spezielle Implementierung verborgen bleibt.

Eine Ausprägung eines Design in EDIF ist im folgenden dargestellt. In ihr wird die Grobstruktur von EDIF deutlich. Eine besondere Sektion 'simulate' zur Darstellung von Simulations- und Testpattern und deren Ergebnissen ist detaillierter ausgeführt. Sie wird in Kap. 3 als Beispiel verwendet. Die ausführliche EDIF-Beschreibung findet sich in /Edif86/.

```
(library myLib
 (technology simuDemo
  (simulationInfo Salogs
   (simulationValue L H Z G)
   (arbitrate (pairwise .......))
 ) )
```

```
(cell ALU
 (view NetList option3
  (interface
   (declare input port (multiple i1 i2 i3 i4 phi1 phi2))
   (declare inout port (multiple io1 io2))
   (declare output port (multiple o1 o2))
   (simulate Salogs run1
    (ignoreValue X )
    (portlistalias inputs (portList i1 i2 io1 io2 i3 i4))
    (portlistalias outputs (portList o1 o2 io1 io2 ( qualify NAND3 out)))
    (waveValue M 5 (logicWaveform L L L H H H L ))
    (waveValue S 5 (logicWaveform G G G G H G ))
    (apply 100 (logicInput inputs (logicWaveform L L L L L L)))
    (apply 20 50
     (logicInput inputs
        (logicWaveform L L L L L L L L L L L L L L L M M L L
                       L H Z Z L H L L Z Z L L H Z Z Z L L ))
     (logicOutput outputs
        (logicWaveform L L X X S L L X X S L L X X S
                       L S S S X L S S S L L L X X S ))
   ) ) )
   (contents
    (instance (qualify lib1 NAND) logic NAND3 )
  ) )
  (view Symbolic option4
    (interface ....)
 ) )
 (cell DATApath NetList option3
  (view NetList option3
    (interface ..... ) )
  (view Symbolic version1
    (interface ..... ) )
 ) )
 (library lib1
 (cell NAND
  (view NetList logic
    (interface
     (declare input port (multiple in1 in2 in3))
     (declare output port out )
    .....
 ) ) ) ) )
```

Wir verzichten an dieser Stelle auf eine detaillierte Beschreibung. Trotzdem sei noch auf die folgenden strukturellen Eigenschaften von EDIF hingewiesen:

Die verschiedenen Repräsentationen eines Objektes werden i.A. auch durch unterschiedliche funktionelle Hierarchien dargestellt. So führt z.B. die Darstellung des Maskenlayouts einer Zelle zu einer anderen Dekomposition als die Darstellung der funktionellen Beschreibung der gleichen Zelle. Jeder Repräsentation entspricht also eine eigene Zellhierarchie, wobei die einzelnen Zellhierarchien nicht notwendig isomorph sein müssen. Beziehungen zwischen den Repräsentationen werden durch eine VIEW-Map hergestellt.

Zwischen den einzelnen Hierarchien der gleichen Zelle gibt es zahlreiche Abbildungen; so wird z.B. der "gate-Anschluß" eines Transistors innerhalb einer funktionellen Beschreibung durch einen einzelnen Anschlußpunkt dargestellt, während der gleiche Anschlußpunkt innerhalb eines Makenlayouts durch zwei verschiedene Diffusionsgebiete dargestellt wird (Port-Map).

3. Das konzeptuelle Modell

Bei der Definition eines relationalen Datenbankschemas lassen sich einige Gesetzmäßigkeiten der EDIF-Struktur ausnutzen.

So kann die Struktur eines EDIF-Statements direkt auf eine Relation abgebildet werden, falls die Bestandteile des Statements elementar sind. Besteht es jedoch aus Elementen, die beliebig oft benutzt werden können (wodurch die EDIF-spezifische geschachtelte Klammerstruktur entsteht), wird hierfür eine neue Relation angelegt, in der eine derartige Wiederholungsgruppe als Menge von Tupeln gespeichert wird. Die Beziehung zwischen dem EDIF-Statement und seinen Unterelementen wird meistens durch die Benutzung des Schlüsselattributes des Vatertupels in seinen Sohntupeln realisiert.

Ein Problem bei der Nutzung dieser logischen Zeiger ist die Eindeutigkeit von Schlüsseln. Um ein bestimmtes Objekt in der EDIF-Welt zu bezeichnen, ist immer die Angabe des zugehörigen Namensraumes, d.h. der übergeordneten Hierarchie notwendig. Eine Zellsicht wird in der Datenbank daher immer durch den Schlüssel lib_name, cell_name, view_name identifiziert.

Dieses Vorgehen hat die Vorteile, daß keine künstlichen Schlüssel eingeführt werden müssen und die Schachtelungsstruktur direkt in den Relationen ausgedrückt wird. Sie muß nicht erst mit Hilfe zusätzlicher Beziehungstyp-Relationen ausgedrückt werden. Operationale Anomalien entstehen bei dieser Realisierung nicht, da nur echte Hierarchien (1:n Beziehungen) auf diese Weise ausgedrückt werden.

Der Nachteil dieser Nutzung der Namensräume als Schlüssel besteht in ihrer Aneinanderreihung, wodurch oft benutzte Schlüssel ineffizient realisiert werden. So muß ein port durch ein 6-stelliges Attribut identifiziert werden. Um zu lang gewordenen Schlüssellisten zu vermeiden, wurde auf der Sichtebene daher ein eindeutiger interner Schlüssel eingeführt. Ein Zugriff auf die Daten erfordert dann jedoch oft einen zusätzliche Zugriff auf die Substitutionsrelation.

Ein weiteres globales Problem war die Darstellung von Listen (z.B. Simulationsvalue, Ports) oder von geordneten Listen (Polygone). Hier wurden keine neuen Unterrelationen angelegt sondern der Schlüssel um ein weiteres Attribut INDEX erweitert, so daß z.B. ein Simulationvalue durch eine Menge von Tupeln der Relation Sim_Val dargestellt wird (s.u. 'Die Relationsdarstellung'). Um bei geordneten Listen ein einfaches Update (Ergänzen) zu gewährleisten, wurde z.B. bei Polygonen die Folge durch Angabe der Vorgänger- und Nachfolgerpunkte realisiert.

Schwierigkeiten bereiteten auch die in EDIF möglichen rekursiven Strukturen (z.B. ineinander geschachtelter Gebrauch von join,weakjoin, mustjoin oder permutable). Die Ausprägung dieser Strukturen wird zur Speicherung in binäre Ableitungsbäume umgewandelt und dann der Knotenstruktur entsprechend in die Relationen eingetragen.

Eine Entscheidung bei dem Entwurf des Schemas betrifft die Feinheit der Datengliederung. Manchmal scheint es nicht sinnvoll, die in EDIF spezifizierten Daten auch in der Datenbank durch elementare Daten auszudrücken. Dies ist vor allem bei den benutzten Patternstrukturen (im EDIF-Beispiel die Waveforms) der Fall. Hier erlaubt eine kompakte Speicherung z.B. als String eine nicht zu feine Strukturierung der Relationen und dadurch ein besseres Zugriffsverhalten.

Eine detaillierte Betrachtung des gesamten Relationenschemas wäre an dieser Stelle zu umfangreich. Eine Gesamtabbildung des EDIF-Formates Level 0 wird in unserem Entwurf in 86 Relationen dargestellt. Die entstehenden Relationen sollen daher exemplarisch am Beispiel der obigen Zellbeschreibung für eine Simulate-Sektion dargestellt werden. Das konzeptuelle Schema für die Simulate-Daten hat in unserem Entwurf das in Abb. 1 dargestellte Aussehen.

In dieser Sektion wurden die Edif-üblichen 1:n Beziehungen zwischen simulate und wavevalue (apply) als n:m Beziehung(en) implementiert Hierdurch ist es möglich eine waveValueListe auch mehreren simulate-Sektionen zuzuordnen, was zu einer redundanzfreieren Speicherung führt. Der gleiche Grund führte zu einer Zusammenfassung der Beziehungen zwischen den Statements apply, waveform und portlist, wobei die EDIF-

Statements logicInput und logicOutput als Attribute in der Beziehungsrelation app_wave enthalten sind.

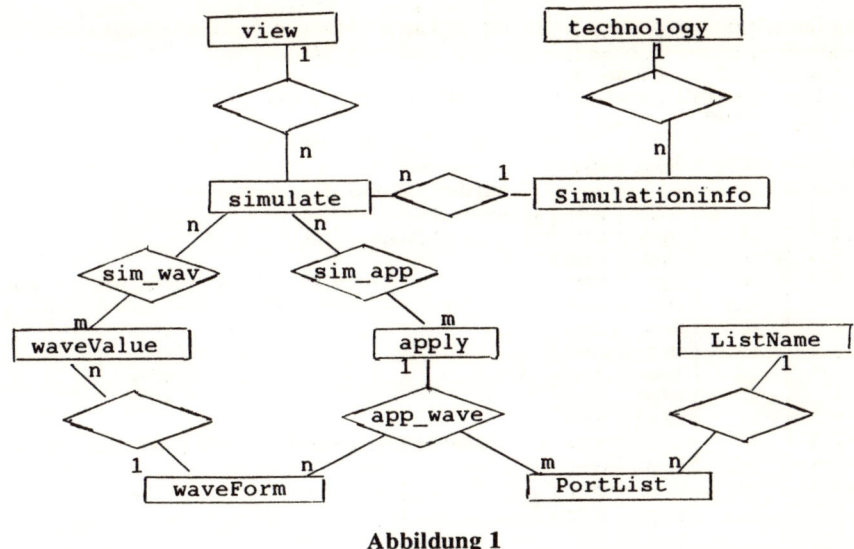

Abbildung 1

Die Relationen dieses Schemas haben für unser Beispiel die in Abb. 2 dargestellte Ausprägung. Auf nähere Beschreibungen müssen wir verzichten.

4. Die EDIF-Schnittstelle

Grundsätzlich kann auf die in Kap. 3 dargestellte Relationsmenge über die durch die Datenbank bereitgestellte DML (data manipulation language) zugegriffen werden. Hierzu benötigt jeder Anwender (d.h. Benutzer oder Programm) die genaue Kenntniss des gesamten Schemas. Das Ändern, Ergänzen oder Löschen von Daten muß von ihm in allen betroffenen Relationen durchgeführt werden. Da die spezifizierbaren Integritätsbedingungen von INGRES nur eine attributbezogene und auf eine Relation beschränkte Konsistenz der EDIF-Daten erlauben, können durch direkte Manipulationen der Daten beliebige Fehlerfälle entstehen.

Das beschriebene System soll daher eine operationale Schnittstelle enthalten, die die Zugriffe auf EDIF-Daten erlaubt und zugleich die Konsistenz der Datenbank wahrt.

Bei der Konzeption dieser Edifschnittstelle sind die beiden grundsätzlichen Funktionen (1) Konvertierung eines EDIF-Files in das in der Datenbank definierte Format und (2) adäquate Bereitstellung gespeicherter EDIF-Daten zu unterstützen.

Bei der Speicherung von EDIF-Daten hat die Schnittstelle die Aufgabe, das übergebene EDIF-File in das interne Datenschema zu konvertieren. Dabei muß das File interpretiert und auf Konstrukte untersucht werden, denen keine Relation zugeordnet werden kann. Eine Abbildung auf die Relationsstruktur ist nur bei syntaktisch korrekten EDIF-Files möglich.

Ein weiteres Problem entsteht durch die schon in Kapitel 2 angedeutet Möglichkeit, daß innerhalb eines EDIF-Datenfiles auch unvollständige Designdaten übertragen werden können, wobei die Daten durch externe, referenzierte Bibliotheken oder Technologien ergänzt werden müssen.

library

library	libname	techname
	mylib	simuDemo
	lib1	simuDemo

cell

cell	libname	cellname	celltyp
	mylib	ALU	normal
	mylib	DATApath	normal
	lib1	NAND	normal

port

port	cid	portname	direct	ptyp
	1	i1	input	inter
	1	i2	input	inter
	1	i3	input	inter
	1	i4	input	inter
	1	phi1	input	inter
	1	phi2	input	inter
	1	io1	inout	inter
	1	io2	inout	inter
	1	o1	output	inter
	1	o2	output	inter
	5	in1	input	inter
	5	in2	input	inter
	5	in3	input	inter
	5	out	output	inter

view

view	cid	libname	cellname	viewname	viewtyp
	1	mylib	ALU	option3	NetList
	2	mylib	ALU	option4	Symbolic
	3	mylib	DATApath	option3	NetList
	4	mylib	DATApath	version1	Symbolic
	5	lib1	NAND	logic	NetList

instance

instance	cid	instname	refid
	1	NAND3	5

simInfo

simInfo	InfoName	technoName	isolated
	Salogs	mylib	X

simValue

simValue	InfoName	technoName	index	SimVal
	Salogs	mylib	1	L
	Salogs	mylib	2	H
	Salogs	mylib	3	Z
	Salogs	mylib	4	G

simulate

simulate	cid	simulNr	siminfo	technoname	ignore
	1	1	salogs	simuDemo	X

waveValue

waveValue	cid	wavename	period	wforNr
	1	M	5	1
	1	S	5	2

sim_wave

sim_wave	cid	simulNr	wavename
	1	1	M
	1	1	S

waveForm

waveForm	cid	Nr	wfor index	waveformstring
	1	1	1	" L;L;L;H;H;H;L; "
	1	2	1	" G;G;G;G;H;G; "
	1	3	1	" L;L;L;L;L;L; "
	1	4	1	" L;L;L;L;L;L;L;L;L;L;L;L;L;M; "
	1	4	2	" M;L;L;H;Z;Z;L;H;L;L;Z;L;L; "
	1	4	3	" H;Z;Z;Z;L;L; "
	1	5	1	" L;L;X;X;S;L;L;X;X;S;L;L;X;X;S; "
	1	5	2	" L;S;S;S;X;L;S;S;S;L;L;L;X;X;S; "

List portList

portList	cid	Nr	index	portname	instName
	1	1	1	i1	
	1	1	2	i2	
	1	1	3	io1	
	1	1	4	io2	
	1	1	5	i3	
	1	1	6	i4	
	1	2	1	o1	
	1	2	2	o2	
	1	2	3	io1	
	1	2	4	io2	
	1	2	5	out	NAND3

listname

listname	cid	Nr	listname
	1	1	inputs
	1	2	outputs

apply

apply	cid	appNr	cycles	period
	1	1	100	
	1	2	20	50

app_wave

app_wave	cid	appNr	logTyp	listNr	wforNr
	1	1	login	1	1
	1	2	login	1	4
	1	2	logout	2	5

sim_app

sim_app	cid	simulNr	appNr
	1	1	1
	1	1	2

Abbildung 2

Hieraus ergeben sich folgende zusätzliche Fragestellungen :

- sind als extern referierte Teile des übertragenen Designs wirklich in der Datenbasis enthalten?
- ist eine im Datenfile definierte Bibliothek, Technologie, Zelle, Zellsicht oder Sektion einer Zellsicht schon identisch in der Datenbasis enthalten oder neu?
- wurde eine in der Datenbasis schon enthaltene Sektion (oder Zelle, etc.) ergänzt oder verändert?
- ist eine solche Ergänzung oder Veränderung im Sinne der Datenbankkonsistenz zulässig?
- bleiben nach Abspeicherung der neuen Designdaten die verschiedenen Namensräume innerhalb der Datenbasis erhalten; d.h. sind nach der Abspeicherung noch alle Identifikatoren eindeutig?
- gehören einzelne Daten, wie zum Beispiel einzelne Technologiedaten, zum gleichen übergeordneten Block?

Nach einer syntaktischen und einer (EDIF-bezogenen) semantischen Kontrolle des EDIF-Files muß daher noch ein zusätzliches komplexes Abstimmen mit schon in der Datenbank befindlichen Daten vorgenommen werden. Erst falls hierbei keine Konsistenzverletzungen erkannt werden, darf eine Veränderung der Datenbank stattfinden.

Die EDIF-Schnittstelle hat bei abzuspeichernden Daten daher die folgenden Aufgaben:

- Syntaxüberprüfung
- Korrektheitsüberprüfung innerhalb des EDIF-Files
- Konsistenzüberprüfung unter Einbeziehung der Datenbasis
- Speicherung der Daten

Bei der umgekehrten Funktion, dem Bereitstellen von EDIF-Daten, müssen durch die EDIF-Schnittstelle mindestens die folgenden beiden Funktionen unterstützt werden. Zum einen muß ein gespeichertes EDIF-File dem Benutzer als normales ASCII-File übergeben werden können; zweitens sollte aber auch eine anwendungsprogrammorientierte, direktere Zugriffsmöglichkeit für EDIF(teil)strukturen realisiert werden, die effizientere Zugriffe auf die Datenbank ohne den Umweg des Textformates erlauben.

Um diese Funktionalität der Schnittstelle zu implementieren, wurde eine vierschichtige Architektur des Gesamtsystems entworfen (Abb. 3).

Die einzelnen Komponenten des Systems werden in den nächsten Kapiteln kurz beschrieben.

4.1. Die Textschnittstelle

Die Textebene der EDIF-Schnittstelle umfaßt alle Manipulationen von Designobjekten im textuellen EDIF-Format. Als Operationen werden die Analyse und Abspeicherung eines EDIF-Datenfiles (interne Funktion parse), und die Auswahl von Designdaten zur Generierung eines EDIF-Datenfiles angeboten. Die Textebene greift zur Durchführung dieser Aufgaben auf die Operationen der darunterliegenden Listenebene zurück.

Der EDIF-Generator

Die Erzeugung eines EDIF-Datenfiles aus den Designdaten der Datenbasis zerfällt in zwei Komponenten, nämlich die Auswahl der zu übertragenen Designdaten und die Umwandlung dieser Daten in das EDIF-Datenformat. Bei der Generierung eines EDIF-Files ist die textuelle Form des erzeugten Files nicht unbedingt vollständig äquivalent zur textuellen Form des früher gespeicherten Datenfiles. Die Reihenfolge der benutzten Zellen kann sich geändert haben, benutzte Aliasnamen können direkt substituiert worden sein oder bei der Eingabe konnten nicht benutzte Zellen beschrieben sein, die bei der Rückgewinnung dieses Files aus der Datenbank nicht mehr betrachtet werden.

114

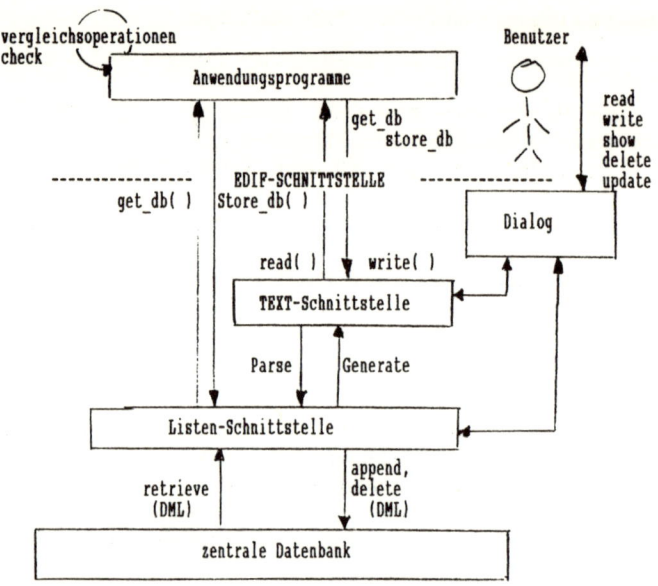

Abb. 3: Systemkonzeption

Der EDIF-Parser

Der EDIF-Parser hat die Aufgabe, die Designdaten auf ihre korrekte Syntax zu überprüfen und gemäß der zugrundeliegenden Semantik der EDIF-Beschreibung in eine interne (Listen)-Struktur abzubilden.

Da das EDIF-Format die Anliegen einer zentralen Datenhaltung nicht besonders berücksichtigt, müssen bei der Aufbereitung der Designdaten neben einer Syntaxanalyse folgende Problemkreise besonders berücksichtigt werden:

- Auftreten redundanter Information
- Feststellung von Permutationen und semantischer Äqivalenzen
- Verletzung der Namensräume
- Semantische Überprüfung der Qualifystatements

Da i.A. große Datenmengen übertragen werden, werden diese Problemkreise vorteilhaft so früh wie möglich berücksichtigt. In der aktuellen Implementierung unterscheidet der Parser ca. 130 Fehler dieser verschiedenen Gruppen.

Als Prinzip der Syntaxanalyse wurde die Methode des rekursiven Abstiegs gewählt. Bei der Implementierung wurden außerdem nur sechs Grundkonstruktionen für das Parsen der EDIF-Grammatik benutzt. Wir hoffen, hierdurch eine leichte Anpassungsfähigkeit des Parsers an erweiterte EDIF-Formate zu erreichen.

Fehler, die durch unbekannte keywords - etwa infolge von Syntaxerweiterungen - hervorgerufen werden, stellen nach der Entwicklungsphilosophie von EDIF keine echten Fehler dar und werden im Parser durch einfaches Überlesen der gesamten, d.h. inklusiv aller (auch evtl. bekannter) Substatements behandelt. Gleichzeitig wird jedoch zusätzlich eine Warnung ausgegeben, da es sich auch um einfache lexikalische Fehler handeln kann.

4.2. Die Listenschnittstelle

Die Listenebene stellt innerhalb der EDIF-Schnittstelle eine der PASCAL-Syntax entsprechende interne Datenstruktur für die EDIF-Daten. Sie orientiert sich stark am zugrundeliegenden Relationenschema der Datenbank. Das EDIF-File wird auf dieser Ebene als eine komplexe Liste beschrieben, die sich wiederum über mehrere Stufen in die entsprechenden (Sub-)Listen unterteilen. Jede dieser Sublisten enthält alle die Elemente des EDIF-Files, die bei der späteren Abspeicherung als Tupel einer Relation abgelegt werden. Die Listenstruktur entsteht praktisch dadurch, daß alle späteren logischen Zeiger der Datenbank in dieser Programmdatenstruktur als pointer dargestellt werden. Alle von der EDIF-Schnittstelle zur Verfügung gestellten Operationen zur Auswahl und Manipulation von Objekten wurden in der Weise implementiert, daß sie nur auf diese Listenebene zugreifen können und somit ein unkontrollierter Zugriff auf Datenbankinformationen vermieden wird.

Auf dieser Listenstruktur sind eine Reihe elementarer Funktionen implementiert, aus denen der Parser und die Checkfunktionen aufgebaut sind. Hierzu gehören Listenverwaltungs- und Vergleichsfunktionen wie grundlegende Such-, Einfüge- und Änderungsfunktionen zur Kommunikation mit der Datenbank.

Operationen zur Kommunikation mit Anwendungsprogrammen

Anwendungsprogramme können über die Listenschnittstelle direkter auf EDIF-Daten zugreifen. Ein Konvertieren in die textuelle Form und ein nachfolgendes Interpretieren zum Herausfiltern der eigentlich interessierenden Teile ist dadurch unnötig. Der Zugriff wird durch ein vorübersetztes Modul realisiert. Dieses Modul kann in ein Anwendungsprogramm eingebunden werden und stellt dem Programm sowohl die Definition der auf dieser Ebene benutzten Listenstrukur als auch die elementaren Prozeduren get und store zur Verfügung. Mit dem Store-Aufruf wird eine im Anwendungsprogramm erzeugte Liste der an das Programm gelinkten Listenschnittstelle übergeben. Sie führt die noch nötigen Checks aus und fügt die EDIF-Daten anschließend in die Datenbank ein. Mit Get werden Daten in die Anwendung transportiert. Die Auswahl der Daten kann, wie weiter unten beschrieben, parametrisiert werden.

Dem Programmierer steht ein weiteres Modul auf dieser Ebene zur Verfügung, welches die im System vorhandenen elementaren Listenprozeduren zusammenfaßt. Er kann damit in seiner Anwendung auf vordefinierte, komplexere Vergleichs- oder Checkfunktionen zurückgreifen.

Die Listenschnittstelle ist in PASCAL geschrieben, so daß derzeit nur Programme dieser Sprache die Schnittstelle in der beschriebenen Weise nutzen können. Einer Unterstützung auch anderer Sprachen steht prinzipiell jedoch nichts entgegen.

Die Checkfunktion

Auf der Listenstruktur werden noch bestimmte Konsistenzchecks durchgeführt. Nachdem der Parser in einem Durchgang die Listenstruktur erzeugt hat, werden von Check folgende Aufgaben übernommen:

● Existenznachweis aller verwendeten Referenzen
● Überprüfen, ob bestimmte Teillisten schon in der Datenbank enthalten sind (Redundanz)
● Überprüfen, ob Designteile mit gleichem Namen in der Datenbank und in der Listenstruktur auch inhaltlich identisch sind
● für bestimmte Designteile Vergabe eines eindeutigen, systeminternen Schlüssels für das anschließende Abspeichern

Check arbeitet also sowohl auf den Listenstrukturen wie auch (allerdings nur lesend) auf der Datenbank.

Die Datenbankfunktionen

Als letzte grundlegende Befehle sind die Funktionen zur Kommunikation mit der Datenbank zu beschreiben. In der bisherigen Arbeitsweise müssen nur reine Lese- und Schreibbefehle zur Verfügung stehen. Ähnlich dem Checkin/checkout Modell von /HaLo81/ werden Edif-Daten nur aus bzw. in die Datenbank transportiert; die echten Änderungen finden im Anwendungsprogramm statt. Für die Lesephase kann ausschließlich auf die Retrievaloperationen der zugrundeliegenden DML zurückgegriffen werden. Für die Schreibphase sind zwei Strategien denkbar. Steht in der Datenbank ein leistungsfähiges (Redundanzen vermeidendes) Versionskonzept zur Verfügung, könnte jedes Schreiben durch das Erzeugen einer neuen Version realisiert werden.

In Ingres steht jedoch kein Versionsmechanismus zur Verfügung, so daß das Einspeichern eines Edif-Files entweder das Erzeugen neuer Objekte (Libraries, Zellen, etc.) bedeutet, oder - falls die entsprechenden Objekte schon vorhanden sind - eine Ergänzung um die noch nicht in der Datenbank bekannten Statements bedeutet. Hier ist besondere Vorsicht geboten, da die Objekte nur über ihren Namen identifiziert werden können. Beide Möglichkeiten kommen mit den Datenbankoperationen INSERT und APPEND aus. Ein direktes UPDATE wird nicht benutzt. Hierauf (und auf das Löschen von Daten) gehen wir im nächsten Kapitel nochmals genauer ein.

4.3. Dialogebene

Diese Komponente der EDIF-Schnittstelle unterstützt das dialogorientierte Arbeiten mit den globalen Operationen zur Auswahl und Manipulation von Designobjekten. Sie soll die Schnittstelle sein, mit der ein Benutzer interaktiv auf die Datenbank zugreifen kann; sie ersetzt für ihn die direkte Querysprache. Diese intelligente Ebene zwischen Benutzer und Datenbank sorgt für die Wahrung der komplexen Integritätsbedingungen der EDIF-Strukturen. Innerhalb dieser Komponente werden die folgenden globalen Operationen angeboten.

Initiierung der Datenbank

Diese Funktion erzeugt eine neue Datenbank, initiert alle vorgesehenen Relationen und spezifiziert einige in der Datenbank ausdrückbare Integritätsbedingungen.

Schreiben in die Datenbank

Der Write-Befehl führt eine vollständige Analyse eines textuellen EDIF-Datenfiles mit anschließender Abspeicherung der Daten durch. Sie benutzt dazu die unteren Ebenen mit den Funktionen parse, check und den DML-Operationen zum Eintragen der Daten in die Datenbank.

Lesen aus der Datenbank

Der Read-Befehl generiert ein textuelles Datenfile (wie in Kap. 4.1 beschrieben) und legt es in einer Datei ab. Zur Auswahl der interessierenden Designteile stehen folgende Möglichkeiten zu Verfügung:

- Festlegung des Designausschnittes
- Festlegung der Designumgebung
- Festlegung der Repräsentation

Unter dem Designausschnitt wird der Ausschnitt einer funktionellen Hierarchie eines Design verstanden. Die Auswahlkomponente ermöglicht die Wahl von Technologien, Bibliotheken, vollständigen und Teilen von Zellhierarchien, sowie die Auswahl von Einzelzellen.

Die Designumgebung spezifiziert alle Technologieteile, die von einem auszuwählenden Design berührt werden. Möglich ist sowohl die Auswahl keiner oder aller Technologiedaten der referierten Technologien als auch die automatische Generierung aller referierten Sektionen. Weiterhin können auch gezielt alle oder namentlich angegebene Teile einer Sektion einer Technologie ausgelesen werden.

Unter der Auswahl der Repräsentation wird die Darstellung der einzelnen Zellen des ausgewählten Designausschnittes verstanden. Möglich sind hier die Orientierung an Zellsichttypen, Zellsichtnamen oder einzelner Sektionen einer Zellsicht.

Diese Auswahlmöglichkeiten sind miteinander kombinierbar. Sie stehen auch bei der Benutzung der Funktion get (s. Kap. 4.2) durch entsprechende Parametrisierung zur Verfügung.

Der EDIF-Editor

Die Dialogschnittstelle kann aufgrund ihrer Konzeption auch als semantischer Editor zur dialoggeführten Erstellung von Design-Daten dienen. Durch Aufruf der Prüfprozeduren ist ein gleichzeitiges Überprüfen der Syntax möglich.

Programmierte Dialoge

Die gesamte Dialogkomponente steht, ähnlich den Prozeduren der Listenschnittstelle, als Modul zur Verfügung. Sie kann in Anwendungsprogrammen benutzt werden, so daß der Benutzter über bekannte Dialoge seine Daten auswählen kann und die entstandenen Listenstrukturen dann im Programm weiterverarbeitet werden können.

Explizite Datenbankbefehle

Als letzte Funktionen bietet die Dialogkomponente Befehle zum direkten UPDATE und DELETE der Datenbank. Durch die Schnittstelle werden alle Manipulationen automatisch auf alle betroffenen Daten ausgedehnt, so daß keine Inkonsistenzen entstehen können. Beim Löschen einer Zelle werden z.B. alle der Zelle untergeordneten Daten gleichzeitig mit gelöscht. Aufgrund der bekannten Semantik der Daten ist eine Einführung definierter Beziehungstypen (z.B. schwache Entities in /Ch76/) nicht notwendig. Ein Löschen von noch instantiierten Daten ist unzulässig und wird von der Dialogschnittstelle abgelehnt.

5. Abschlußbemerkungen

Die dargestellte Schnittstelle wird derzeit implementiert. Die wesentlichen Teile der Listen- und Textschnittstelle stehen lauffähig zur Verfügung. Die Dialogebene befindet sich noch in der Implementierungsphase. Als zukünftige Erweiterungen sind die Abstimmung der Schnittstelle mit den in der Datenbank verfügbaren Transaktions- und Zugriffskonzepten sowie die Ergänzung des Systems um einen Versionsmechanismus geplant.

Literatur

/Ch76/   P.-S. Chen: The Entity-Relationship-Model - Towards a unified view of data; ACM TODS, Vol1, No1, pp.9-36, 1976

/DKML84/   K.R. Dittrich, A.M. Kotz, J.A. Mülle, P.C. Lockemann: Datenbankkonzepte für Ingenieuranwendungen: eine Übersicht über den Stand der Entwicklung; in: Informatik-Fachbericht 88, Springer-Verlag 1984, pp.175-192

/Edif85/   Digest of Technical Papers, First EDIF User Group Workshop, Las Vegas, 1985

/Edif86/   EDIF Electronic Design Interchange Format Version 100: Edif Steering Committee, 1986

/HaLo81/   R. Haskin, R. Lorie: On extending the functions of a relational database system, IBM Research Report RJ3182, San Jose 1981

/LoPl83/   R. Lorie, W. Plouffe: Relational databases for engineering data, IBM Research Report RJ3847(43914), San Jose, 1983

Autorenliste

Abel, E.
Gesellschaft für Mathematik
und Datenverarbeitung
Projekt E.I.S.
Postfach 1240
5205 St. Augustin 1

Bouillon, D.
FernUniversität Hagen
Praktische Informatik I
Postfach 940
5800 Hagen

Brauer, J.
Universität-Gesamthochschule Siegen
Institut für Datenverarbeitung
Hölderlinstraße 3
5900 Siegen

Dittrich, K.R.
Forschungszentrum Informatik
an der Universität Karlsruhe
Haid- und Neu-Straße 10-14
7500 Karlsruhe 1

Girardi, G.
CSELT, Centro Studi et Laboratori
Telecommunicazioni
via Reiss-Romoli, 274
I-10148 Torino

Hartenstein, R.W.
Universität Kaiserslautern
FB Informatik
Postfach 3049
6750 Kaiserslautern

Heckl, H.
Gesellschaft für Mathematik
und Datenverarbeitung
Projekt E.I.S.
Postfach 1240
5205 St. Augustin 1

Kachel, G.
CADLAB
Bahnhofstraße 32
4790 Paderborn

Kathoefer, Th.
CADLAB
Bahnhofstraße 32
4790 Paderborn

Klahold, P.
FernUniversität Hagen
Praktische Informatik I
Postfach 940
5800 Hagen

Kotz, A.M.
Forschungszentrum Informatik
an der Universität Karlsruhe
Haid- und Neu-Straße 10-14
7500 Karlsruhe 1

Martin, B.
CADLAB
Bahnhofstraße 32
4790 Paderborn

Mülle, J.A.
Forschungszentrum Informatik
an der Universität Karlsruhe
Haid- und Neu-Straße 10-14
7500 Karlsruhe 1

Nelke, B.
CADLAB
Bahnhofstraße 32
4790 Paderborn

120

Piloty, R.
Technische Hochschule Darmstadt
Fachgebiet Rechnerorganisation
Merckstraße 25
6100 Darmstadt

Schlageter, G.
FernUniversität Hagenrn
Praktische Informatik I
Postfach 940
5800 Hagen

Ungerer, M.
Technische Hochschule Darmstadt
Fachbereich Informatik
Fachgebiet Graphisch-Interaktive Systeme
Alexanderstraße 24
6100 Darmstadt

Weber, B.
Technische Hochschule Darmstadt
Fachgebiet Rechnerorganisation
Merckstraße 25
6100 Darmstadt

Welters, U.
Universität Kaiserslautern
FB Informatik
Postfach 3049
6750 Kaiserslautern